小さな企業がす

JN000667

セキュリティ
［入門］

梧桐 彰 　著
那須 慎二 　監

技術評論社

本書のはじめに

セキュリティの事件がよくニュースになるけど、うちみたいな小さな会社には関係あるんだろうか？

私も詳しくないですね。ウイルス対策ソフトはパソコンに入れてますけど

　これはある地方で小さな商売をしている、架空の会社での会話です。

　ですが本書を手に取った方には、なんとなくなじみがあるシーンなのではないでしょうか。そうでなくても、最近はメールでの詐欺やハッキングなどの被害がよくニュースで騒がれますから、どこかでありそうな話だと思うかもしれません。

　実際、世の中にセキュリティ関係の問題はたくさん起きています。ですが、ニュースになったりIT関係のWebサイトで説明されたりしているセキュリティの情報は、大きな会社[1]の問題を扱ったものがほとんどです。日本の大半の会社は10人以下の規模で経営している[2]ので、自分たちと関係があると思う人は少ないのではないでしょうか。自社と無関係に見えるのに「よし、じゃあセキュリティ対策をやろう！」と思う人はまずいないでしょう。

　最初に出てきたゼン社長も、同じような悩みがあるようです。

パソコンを買ったメーカーさんに相談してみたが、セキュリティ対策は手間とお金がかかりそうだな……そもそも、うちみたいなパソコンが数台とサーバーが1台しかないような会社で、わざわざ考える必要があるんだろうか？

社長のこうした悩みを普段から聞かされているので、IT担当者のアンさんは少しセキュリティのことを勉強してみました。そして、こう社長に伝えました。

> どんな会社でもセキュリティ対策をするべきですし、この会社でもできるようですよ

アンさんの言うとおりで、セキュリティ対策にはコツがあります。大きな会社は大きいなりに、小さな会社は小さいなりに対策できます。もしゼン社長のように「セキュリティに興味はないけれど、いずれやらないといけないのかな」と思っているのであれば、本書はきっとお役に立てるはずです。

本書は専門のIT担当者がいない、小さな会社がセキュリティ対策を始めるために書かれました。同じような規模の会社で起きた出来事をベースに、これまでセキュリティに取り組んだ経験がない方でも、片手間であまりお金をかけずに、会社を守れるようにまとめてあります。

セキュリティがしっかりしている会社は普段の仕事にも安心して取り組めますし、取引先ともスムーズにやりとりができ、社会からも信用されます。ぜひ、最後まで読んでみてください。

🛡 本書の登場人物と舞台

　本書では、先ほど出てきたIT担当のアンさんと社長のゼンさんが働いているヒグマ水産加工という会社でセキュリティ対策に取り組む様子を見ていきます。その中で社員のシンさんや、普段ヒグマ水産加工がIT関連の仕事を頼んでいるキタキツネ事務機械（キタ事務）も出てきます。

　ここからは彼らの会話をきっかけとして、具体的な対策方法を紹介し、最後に本書の内容を理解した2人が語り合うという形式で進めていきます。

　登場人物や企業はもちろんフィクションですが、本書で紹介されているほとんどの出来事は創作ではなく、筆者が見てきたさまざまな組織の事例をもとにした、実践的な内容になっています。みなさんもアンさんやゼン社長と一緒にセキュリティ対策を考えてみてください。

🏢 ヒグマ水産加工株式会社

北海道の水産加工会社で、サケ・マスの飯寿司や冷凍具材を製造・販売している。
従業員は正社員5人。忙しい時期にはアルバイトを雇うこともある。

- -

アンさん
ヒグマ水産加工入社5年目。
セキュリティ対策の実務を担当するため、最近勉強を始めた。

ゼン社長
ヒグマ水産加工の経営者。
これから会社のセキュリティを進めていこうと思っている。

シンさん　ヒグマ水産加工入社7年目。営業担当。

**🏢 キタキツネ
事務機械株式会社**

ヒグマ水産加工の近所にある会社。もともと固定電話や複合機を扱っていたが、7年前からIT製品・サービスの販売をはじめ、現在はITサービス企業となっている。
ヒグマ水産加工は、ここからパソコンやサーバー、アンチマルウェアなどを購入している。

本書に登場する人物と舞台

Chapter **1** セキュリティってどこから始めればいいの？

Chapter **2** お金をかけずにできる対策

Chapter 3 手間をかけずにできる対策

Chapter **4** 本格的なセキュリティ対策
への第一歩

Chapter 5 知っておくべきこと、やっておくべきこと

Chapter **1**

セキュリティって どこから始めれば いいの？

この章では、セキュリティ対策の全体像を見ていきます。
実際にどんなサイバー攻撃やその被害が考えられ、その
対策にはお金や時間をどれだけかける必要があるのか、
具体的なイメージをつかんでいただければ幸いです。

1-1 セキュリティの全体像

セキュリティっていうと、まずはITのことを考えないといけないよな

最近はそうみたいですよね

でも防犯ってくくりで考えたら、泥棒とかも気にしたほうがいいんじゃないのか

うーん、どうでしょう。IT関係のトラブルと普通の犯罪って、全然違うものかなって思ってたんですけど

　セキュリティという言葉について、なんとなくイメージはあるとは思うのですが、実際に何かを始めるとなると、どこから考えればよいのかはなかなか難しいものです。とらえ方は人それぞれではありますが、ここでは、基本的なセキュリティの考え方を見ていきましょう。

🛡 セキュリティってそもそもなんだろう

　まず最初に、セキュリティとはそもそもどういう意味なのか、について考えてみます。セキュリティという言葉は、ラテン語のL.curare（心配する、世話をする）が語源です。英語ではsecurityと書きますが、これは2つの意味に分けられます。seは「離れて」、cureは「心配」という意味です（**図1-1-1**）。つまり、心配がいらない状態です。

離れる		心配		安全
se	＋	cure	＝	security

図1-1-1：セキュリティという単語の成り立ち

セキュリティという単語を調べると、Wikipediaには「危険や脅威から解放された状態」と書いてあります[1]。小学館のデジタル大辞泉[2]には「安全。また、保安。防犯。防犯装置」と書いてあります。最近はセキュリティといえばIT関連の「情報セキュリティ」を指す場合が多いですが、もともとは防犯のことです。

では情報セキュリティとはなんでしょうか。簡単に言うと、データやコンピュータを問題なく使い続けられることです[3]。たとえばアンチウイルス、ファイアウォール、多要素認証などの言葉は、どこかで聞いたことがないでしょうか。これはすべて情報セキュリティのための製品やサービスです。これに対して、金庫や警備に関することなどは、物理セキュリティ[4]と言います（図1-1-2）。

最近はセキュリティというと、情報セキュリティのほうが先に話題に挙がることが多くなりました。

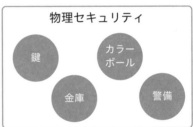

図1-1-2：セキュリティの分類

🛡 どんな会社でもセキュリティ対策は必要

本書では一般犯罪を防ぐ意味でのセキュリティにも多少触れますが、主に最近増えてきたサイバー犯罪のセキュリティ対策を扱います。

※1 Wikipedia.「セキュリティ」.
https://ja.wikipedia.org/wiki/%E3%82%BB%E3%82%AD%E3%83%A5%E3%83%AA%E3%83%86%E3%82%A3

※2 小学館.「デジタル大辞泉」.
https://daijisen.jp/digital/

※3 情報セキュリティという言葉は、一般的には、情報の機密性、完全性、可用性を確保することと定義されていますが、ここではこれらの用語は扱いません。細かい定義は下記のサイトなどを参照してください。
総務省.「国民のための情報セキュリティサイト」.
https://www.soumu.go.jp/main_sosiki/joho_tsusin/security/intro/security/index.html

※4 本書での定義としては、侵入者などによる一般犯罪の防犯を目的とした設備のこととします。最近は情報セキュリティと対になる用語として使われることが多くなりました。

サイバー犯罪が最近注目されてきたのは、犯人が誰かわかりにくく、証拠も探しにくいからです。犯罪者の立場から考えると、サイバー犯罪は、盗難や詐欺などと異なり、顔や声、筆跡、指紋、足跡などを残さなくて済むので、やりかたさえわかっていれば利益を出せる可能性が高いのです。

さらにサイバー犯罪は短い時間で広い範囲を攻撃できるので、大きなお金を得やすい犯罪でもあります。インターネットを使えば場所も時間も飛び越えられるので、外国の犯罪者が日本のデータやコンピュータを襲う場合も増えてきました。**図1-1-3**のグラフ[5]を見ると、サイバー犯罪が少しずつ増えていることがわかります。

こうした犯罪はどうすれば防げるのでしょうか。もちろん警察やIT企業は、日々社会を守るために対策に努めています。また、銀行やカード会社、在庫を預けている倉庫などの取引先でも、あなたの会社からあずかったものはしっかり守るようにしているでしょう。

では、これらの対策があるにもかかわらず、あなたの会社が被害を受けることはあるのでしょうか。

残念ながらこの答えはイエスです。IT専門調査会社のIDC Japanが2021年1月に実施した、国内企業883社の情報セキュリティ対策の実態調査結果によると、2020年4月からの1年間で情報セキュリティ被害に遭った会社は全体の56.3%だったそうです[6]。半分以上の会社が何かしらの損害があったわけですから、結構な比率です。

このような状況なので、どんな会社でも自衛のためにセキュリティ対策に力を入れることは必要になります。もちろん自力ですべて解決することは難しいので、ITサービス会社[7]やセキュリティ企業など、さまざまな組織と協力して対策することになります（**図1-1-4**）。

ITを使っている限り、情報セキュリティ対策はどんな企業でも必要だといえます。そしてセキュリティについて考えるときは、ITの周辺にあるさまざまなことがらも考える必要があります。

※5 画像は以下の資料から抜粋したものです。
警察庁、「令和3年におけるサイバー空間をめぐる脅威の情勢等について（速報版）」、
https://www.npa.go.jp/publications/statistics/cybersecurity/data/R03_cyber_jousei_sokuhou.pdf

※6 IDC、「2021年 国内企業の情報セキュリティ実態調査結果を発表」、
https://www.idc.com/getdoc.jsp?containerId=prJPJ47576821

※7 このようなセキュリティその他のIT関連の企業をSIer（エスアイヤー）やITサービサーと呼ぶこともありますが、本書では「ITサービス会社」で統一します。

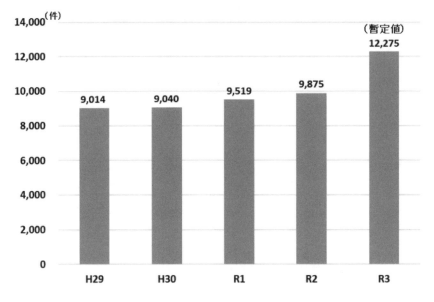

図 1-1-3：サイバー犯罪の摘発件数

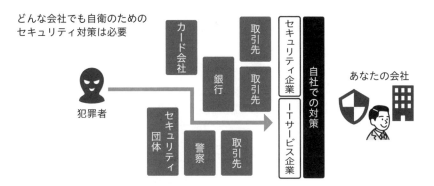

図 1-1-4：犯罪と自衛の関係

小さな会社で大事なセキュリティの考え方

　情報セキュリティは重要ですが、物理セキュリティもこれまでと同様に重要ではあります。万引きや詐欺などの犯罪は現在もしばしば報道されており、特に都市部では他人事ではありません。ですが、これらは情報セキュリティと別々に考えられることが多いようです。

　セキュリティは基本的に人が起こす犯罪への対策であり、この点は物理セキュリティも情報セキュリティも共通しています。また、犯罪に巻き込まれないようお金と時間を割くというところも共通しています。

　では、実際に対策を考える場合、この二者の間に共通部分はあるのでしょうか。サイバー犯罪を大雑把に2つに分けて考えてみましょう。まず一方は、会社と一切関係ない、顔も名前も見たことがない犯罪者が襲ってくるケースです。もう一方としては、会社を知っていてそこに被害を与えようとするケースです。

　後者の会社を狙って実行する犯罪は、一般犯罪（詐欺や盗難など）を対策する物理セキュリティの必要性とも重なり合っています（**図1-1-5**）。こうした犯罪者はインターネット経由だけでなく、実際に事務所に足を運んだりして何らかの悪事を試みることもあります。

　最近はこうしたサイバー犯罪と一般犯罪を組み合わせたような犯罪が増えています。たとえば電気やガスなどの関係者のふりをして事務所にこっそり無線LANを設置し、接続したパソコンやスマホから情報を奪い取る、USBメモリをゆうパックなどで送り付けて会社のパソコンに接続するよう指示してウイルスに感染させる、などの手法が日本でも見られるようになってきました。

　筆者の経験でも、会社に恨みを持った内部の関係者やライバル会社の社員が、会社のパソコンを奪ってTwitterアカウントなどのSNSにログインし、不適切な発言をしたり、会社の落ち度を見つけてインターネットで拡散したりといった場面を実際に見てきました。

　こうした事例を見ると、どこまでがサイバー犯罪でどこまでが一般犯罪なのか、線引きが難しいところです。そこで本書では最近の犯罪動向も踏まえ、総合的なセキュリティ対策を目指していきます。

🛡 セキュリティ被害の具体的な例を見てみよう

　セキュリティ対策に取り掛かるとして、なにから考えればよいのでしょうか。

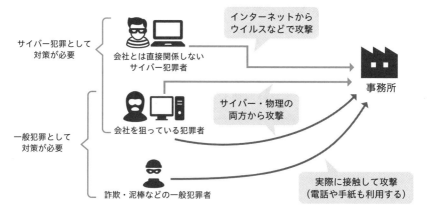

図1-1-5：一般犯罪とサイバー犯罪の重なり合う部分

　まずは自分の会社で過去に起きた危険な出来事を思い出してみましょう。ここでは参考例として、ヒグマ水産加工で起きたセキュリティの被害を見てみます。

ケース１：身に覚えのないメールが会社のアドレスから送られていた！

被害

　取引先の商社からゼン社長に「あなたの会社からおかしなメールが届いていますよ、しかもそこに貼ってあるリンクをクリックしたらウイルスをダウンロードしてしまうようです」という連絡が来ました。調べてみると、たしかに社員のシンさんから不審な広告メールが取引先全員に送られているとわかりました。

原因

　確認したところ、シンさんのパソコンはウイルスに感染していて、メールのアドレス帳などを利用して、ウイルスをさらにばらまいていました。

ケース２：パソコンのファイルが暗号化されてしまった！

被害

　ゼン社長が、会社を辞めた人のデータを整理しようと、USBメモリをパソコンに挿しました。そのとたんにデスクトップやドキュメントフォルダのファイルが全部暗号化され、読めなくなってしまいました。デスクトップの壁紙は「戻してほしければお金を払え」という英語の警告文に書き換えられてありま

す。退社した人に電話をかけましたが、そのことについては知らないと言われました。

原因

お付き合いのあるキタキツネ事務機械株式会社（キタ事務）さんに調べてもらったところ、USBメモリは自動でランサムウェアという種類のコンピュータウイルスをインストールするようになっていました。おそらく退社した人が誤ってインストールしたのでしょう。IT担当者のアンさんがパソコンのWindowsを入れなおし、バックアップからデータをコピーしてもとの状態に戻しました。

ケース3：パソコン内の情報が流出してしまった！

被害

取引先から突然電話がかかってきて、「あなたの会社の取引情報がネットに公開されている」と言われました。調べたところ、取引先の情報が書かれたファイルがインターネット上にアップロードされていました。

原因

シンさんが出張先の電車の網棚に置き忘れてきてしまったパソコン内に、アップロードされたものと同じ内容が書いてあるファイルが保存してあったそうです。

ケース4：情報共有アプリに不正なアクセスをされた！

被害

ヒグマ水産加工ではEvernoteという、インターネットから利用でき、社員間で情報が共有できるサービスを使っていますが、このサービスに「見覚えのない海外の地域からアクセスされた」という記録がありました。Evernoteにはファイルや音声、写真などを記録できるので、社員や取引先との打ち合わせ内容なども入っています。アンさんはあわてて全部のデータをダウンロードしてから、データを全て消すために契約を取りなおしました。

原因

ゼン社長がサービスにログインするためのパスワードが、ほかのサービスでも使いまわされていました。そのユーザー名とパスワードの組み合わせは闇マーケットに流出していたので、犯人はその組み合わせを使ってアクセスしたようです。

ケース5：SNSで炎上しそうになった！

被害

　SNSサービスのTwitterに、ゼン社長が出席したパーティの動画があげられました。そこでゼン社長が参加者をどなりつけているシーンが反発を受け、いわゆる「炎上」が起きそうになりました。

原因

　ライバル企業があなたの会社の評判を落とすためにやっていたことでした。なお、この動画はライバル企業の管理職がこっそりパーティに潜入し、ゼン社長に非常識なほど無礼な態度で話しかけた上に足を踏み、その反応を撮影した、というものでした。ゼン社長は会社のアカウントで素直に謝り、なんとか鎮火しました。

　というわけで、これらを深く検討してみましょう。そして、こうしたケースに対してセキュリティを考えるときには、1つ意識しておくべきことがあります。

　それは悪人の立場から見るという考え方です。

　セキュリティを考えるとき、たいていの人は「何をやればいいんだろう？」と考えます。これは防御側、つまり自社が中心の考え方です。しかしそもそも、どこにも悪い人がいなければセキュリティ対策なんて必要ありません。

　セキュリティ被害は悪い人が悪いことをするから起こるのです。そのため、最初に考えなければならないのは「何をやればいいの？」ではなく「誰があなたの会社に悪いことをしそうなの？」です。

　このような悪人を、セキュリティの世界では攻撃者[8]と言います。攻撃者の目的はたいていの場合、会社からお金になるものを奪うこと、または別の犯罪に加担させることです。つまり攻撃者は基本的にお金を儲けるために行動します[9]。

　そのため、セキュリティを考えるときには、攻撃者の見方を頭に入れて、自分の会社との関係をどう意識していくかが重要です。これから基本的な考えを

※8　英語ではAttackerです。本書では犯罪組織やハッカーグループのような複数人の集団もまとめて攻撃者と表現します。

※9　ハッカーとして名を上げたり、政治的な主張をしたり、企業のイメージをダウンさせたりするなどの目的もありますが、たいていそのターゲットになるのは大企業や官公庁ですので、ここでは深く触れません。それ以外だと、単なるいたずらなどの可能性もありますが、その対策方法はお金を取られないためのものとほとんど一緒です。

見ていきましょう。

　まず、攻撃者から何を守ればよいかを考えます。攻撃者のターゲットになるものはパソコンであったりその中のファイルであったり、会社の評判であったりとさまざまです。こういった会社の財産のことを、セキュリティの世界では資産と言います。セキュリティ対策とは、資産を守るための活動なのです。

　さきほど例に挙げたケースでいうと、攻撃された資産は次のようになります。

- ケース1（不正メール送信）：会社の信用
- ケース2（ファイル暗号化）：パソコンのデータ
- ケース3（情報流出）：パソコンのデータ
- ケース4（不正アクセス）：会社の秘密情報
- ケース5（SNS炎上）：会社の評判

　そしてセキュリティ問題にはかならず原因があり、これを脅威と言います。自然災害なども脅威ですが、本書では攻撃者がいて、その人が悪意のある行動をとること。つまり、犯罪かそれに準じる行為を脅威とします。

　さきほどのケースにおける脅威は次のようになります。

- ケース1（不正メール送信）：コンピュータウイルスをばらまいた攻撃者
- ケース2（ファイル暗号化）：コンピュータウイルスをばらまいた攻撃者
- ケース3（情報流出）：紛失物の窃盗と分析を実施した犯罪者
- ケース4（不正アクセス）：クラウドサービスを狙う攻撃者
- ケース5（SNS炎上）：ライバル企業の社員

　そして、これらの脅威が資産に被害を与えたということは、どこかになにかしらのスキがあったはずです。攻撃者から見ると、カモにしやすい問題点があったのです。セキュリティの世界ではもろくて弱い部分という意味で脆弱性などともいうこともありますが、場合によっては狭い意味で使われることもあるので、本書では主に問題点という言葉を使います[10]。

　5つのケースでは、次のような部分に問題点があったと考えられます。

---

[10]　本書では脆弱性の厳密な定義やCVE、CVSSに関しては説明しません。脆弱性は「アタック・サーフェス（攻撃対象となる部分）に存在する悪用され得るバグ」という定義を使う場合が多いと思いますが、これも読み進める上で意識する必要はありません。

- ケース１（不正メール送信）：パソコン、またはその利用者のウイルス対策
- ケース２（ファイル暗号化）：USBメモリ内のプログラムのウイルス対策
- ケース３（情報流出）：パソコンのハードディスク暗号化
- ケース４（不正アクセス）：クラウドサービスの欠陥、またはパスワードの管理
- ケース５（SNSの炎上）：社長の行動

こうしたことが起きないようにセキュリティの対策が必要になります。例としては、次のようなものがあります。

- ケース１（不正メール送信）：ウイルス対策をする
- ケース２（ファイル暗号化）：USBメモリは利用しない
- ケース３（情報流出）：パソコンのハードディスクを暗号化する
- ケース４（不正アクセス）：クラウドサービスにログインするためのパスワードは使いまわさない
- ケース５（SNSの炎上）：問題行為を慎むよう教育をする

これらはあくまで例なので、やれば必ず問題が起きなくなる、というわけではありません。また、現実的には難しいという場合もあるでしょう。しかし、どうすれば問題が起きなくなるかを一度は考えておくべきです。

これまで見てきた資産、脅威、問題点、対策という４つの考え方は、本書にこれから何度も出てきます。図にまとめると図1-1-6のようになります。必ず覚えておいてください。

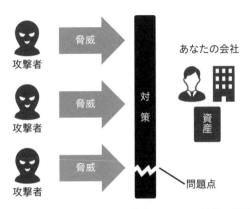

●図1-1-6：資産、脅威、問題点、対策の関係

こうしてみると実は結構アウトだな、この会社

ほとんど社長とシンさんのやらかしじゃないですか

他はともかく、足踏まれてバカにされたときはなあ
……普段は温厚なつもりだがさすがに怒ってしまった

しかも、それを見越して動画撮るってなかなかひどい
ですよね

― 知っておきたい IT 用語 ―

ここで、本書を読み進めるにあたって、頻出する IT 用語をまとめておきます。専門的な用語はできるだけ少なく抑えたいので、ここではよく出てくる用語のみを説明します。

● パソコン

いまさらですが、個人用のコンピュータです。パーソナルコンピュータやパソコンと呼ばれたりもします。本書では Microsoft 社の Windows が動作している、または Apple 社の Mac と呼ばれている[11]ものを、すべて「パソコン」とします[12]。

● スマホ

スマートフォンのことです。本書では、iPhone、および Android と呼ばれている製品をまとめてスマホということにします。タブレットもひとくくりにスマホとします[13]。フィーチャーフォン（ガラケー）を使う人は少なくなってきているので、本書では深く説明しません。スマホに準じる製品として読み替えてください。

● サーバー

いくつかの意味がありますが、本書では複数の社員が共同で利用しているか、その使い方に近いコンピュータのこととします。つまり使い方によってはパソコン兼サーバーとなるコンピュータもあり得ます。別の会社がデータセンターで管理しているコンピュータや、クラウドサービスで使っているコンピュータもサーバーとします。

● ネットワーク

これはさまざまな意味で使われる言葉です。本書では、コンピュータとコンピュータをつなげてデータを送受信したり音声会話をしたりするための、コンピュータネットワークのことを指します。インターネットはネットワークの一種です。有線ケーブルだけでなく、Wi-Fi（無線 LAN）を使って接続する場合もあります。

（次ページへ続く）

※11　正式名称は「macOS」なのですが、Mac と書かれることが多いので本書ではそのように表記します。

※12　正確には、パソコン上で動作する基本的なソフトウェア（OS）は Windows と Mac 以外にもありますし、ハードウェアのことのみをパソコンという場合もあります。本書ではできるだけ一般的な言葉をそのまま使い、細かい定義は議論しないことにします。

※13　こちらもパソコンと同様、一般的な言葉をそのまま使うことにします。Android OS、iOS という用語は使用しません。

●ソフトウェア

コンピューターを動かす仕組み（プログラム）のことです。目に見えるハードウェアに対し、ソフトウェアは見ることができません。WindowsのようなOSもソフトウェアですし、そこで利用するGoogle Chromeなどのブラウザやスマホでタップして使うアプリケーションもソフトウェアです。

●データ

会社で仕事のために使う数字や文章、映像、音声などです。ワープロファイルやPDFファイル、データベースを使って保存するものを指します。また、紙に印刷した情報もデータと言えます。

●システム

もともとの意味は「いろいろな要素を組み合わせて動く仕組み」のことですが、本書では会社の仕事のために特別に作ったコンピュータ上で動作するITシステムのことを言います。設計や受発注や出入庫、貸し借りの記録、電子メールのやりとりなどに使うものです。また、システムなどを提供することをサービスと呼びます。

●セキュリティツール

セキュリティのために使うシステムのことです。ツールとは道具のことですが、IT用語としては、習慣的にセキュリティのシステムやハードウェア、ソフトウェアのことを指します。

●Webサイト

本書ではブラウザから接続するインターネット上の画面（Webページ）をまとめたものをWebサイトとします。単にサイトという場合もありますし、ホームページ※14と言われることもあります。Webサイトは全世界に公開されているのでハッキングを受けやすいのですが、本書は会社内のセキュリティを主に説明するため、Webサイトのセキュリティについては説明しません。

●IoTデバイス

IoTとはInternet of Thingsという英語を短くした言葉で、日本語では「モノのインターネット」と言ったりします。デバイスというのは「機器」とほとんど一緒です。本書ではパソコンやスマホ以外のインターネットにつなげる機械を指します。例えば防犯のために部屋を撮影してスマホに送るWebカメラや、Amazon Alexaなどのインターネットにつながるオーディオ機器などがあります。光熱費を計算するためのメーター、農業用の気象センサーもインターネットに接続できるならIoTデバイスです。

※14　厳密にはWebサイトをホームページというのは間違いなのですが、実際には頻繁に混同されています。

● クラウド

　クラウド・コンピューティングの省略語で、インターネットなどを経由して
ユーザーがサービスを利用できるようにするしくみのことです。たとえば
GmailやDropboxなどです。クラウド経由でサーバーに接続して、
WindowsなどのOSをそのまま利用できるサービスもあります。誰かが作っ
たWebサイト上のサービスをそのまま使うようなYouTubeやTwitterなどは、
クラウドサービスではなく**Webアプリケーション**ということもあります。こ
れらの違いは厳密にはありません。

● マルウェア

　コンピュータウイルスなどの、パソコンやスマホなどを乗っ取ったり起動で
きなくしたりする迷惑なファイルやソフトウェアのことです。ウイルス以外に
もワーム、トロイの木馬、スパイウェア、キーロガー、バックドア、ボット、
など、迷惑なソフトウェアは最近になって種類が増えたので、ウイルスよりも
マルウェアという言葉が使われるようになりました。本書でもここから先は、
ウイルスではなくマルウェアという用語を使います。またウイルス対策ソフト
（ワクチンソフト）は、**アンチマルウェア**と呼びます。

　図1-1-7はこれらの用語をまとめたものです。最近は小さな会社でも、こ
のような環境で業務をするところが増えてきています。

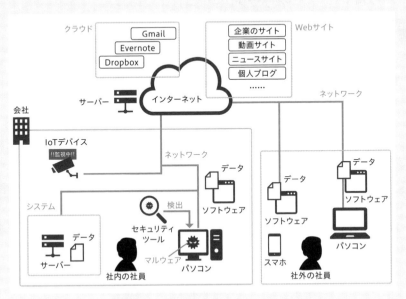

図1-1-7：本書で使われる用語のイメージ

セキュリティ対策に必要なあれこれ

対策といっても、どのくらいやればいいのかわからないんだよな。どのくらい費用がかかるのか。どのくらい時間をかければいいのか、目安がないとなあ。結局、いつもIT関係を頼んでるキタ事務さんにお願いするしかない

もうちょっと判断する基準が欲しいですよね

　ゼン社長が言う通り、セキュリティ対策を自分の会社でどう進めていくのかとなると、相談できる相手が必要です。そこで、ここでは多くの会社がセキュリティ対策を行うときの手順を見てみましょう。

🔻 セキュリティ対策の手順

　セキュリティ対策に必要なのは、まずは書籍やガイドラインなどをひととおり読んで基礎知識を得ることです（もちろん、本書もその1つに含まれます）。そして考え方と対策を理解したら、自社の状況を考え、何をしなければいけないかを考えます。それからITサービスを扱う組織や会社と相談します。

　それができたら、自分の会社で進めていくセキュリティ対策を整理し、半年～1年くらいのスケジュールを決めていきます。また、購入した製品やサービスを利用し、社員向けセキュリティ研修も実施するなど、セキュリティを意識した業務を始めます。そしてセキュリティの問題があれば対応します。

　図1-2-1にこのあたりをまとめてみました。セキュリティはこのような手順の繰り返しになります。

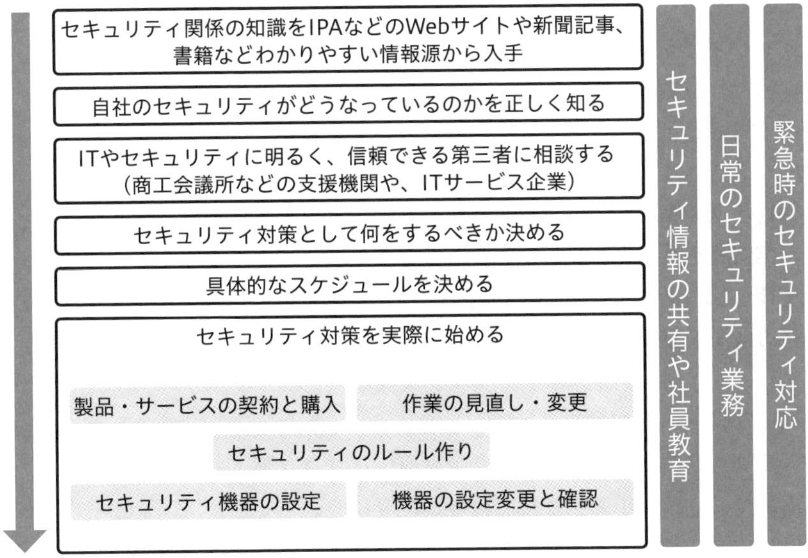

図 1-2-1：セキュリティ対策の手順（例）

■ セキュリティにかかる手間とお金

　ところで、この節の冒頭でゼン社長も言っていた通り、セキュリティを始めるぞと考えるときに、どのくらい手間とお金をかければよいのかというのは難しい問題です。セキュリティ自体はどれだけやってもお金を稼ぐことにはなりません。手間とお金をかけなければかけなかっただけ、その場では楽ができるし、得でもあります。いわゆる保険のための投資ですから、バランスを考えなければなりません。

　まず、セキュリティに使う時間です。ITの専業メンバーがいればある程度の時間を割けるかもしれませんが、10人くらいの会社だとまずいないでしょう。会社の中で一番ITに詳しそうな人に丸投げをしているか、経営者が窓口になってキタ事務のようなITサービス会社へ依頼をしているような体制になっていると思います。

　こうした会社では、担当者を決めても、セキュリティに割けるのは多くて週に2時間くらいでしょう。忙しい時期があったり、有休をとったりもするでしょうから、年に最大50時間くらいが限度ではないでしょうか。

　これを長いと感じるか短いと感じるかは人によります。しかし本書では、少

なくとも**毎月1回**くらいはセキュリティのことを確認する時間を作り、**毎年1回**くらいはその年のセキュリティを振り返る時間を作ることをおすすめします。会社が立ち行かなくなるというのはやはり大ごとですから、このくらいの頻度で考えることは無駄にはならないと思います。

- **毎月1回**：実施しているセキュリティのチェックをしたり、セキュリティの日常業務を振り返ったりする
- **毎年1回**：その年に実施したセキュリティ関係の仕事を振り返り、次の1年の計画を立てる

　次にかけるべきお金を考えてみましょう。10人程度の組織で考えてみるとしても商社や医療関係などでは、全社員にパソコンを1台ずつ配布したり、場合によってはスマホを全社員に貸与したりしているでしょう。その一方で、飲食店や小売店であれば、店舗にパソコン2台で十分というケースもあります。前者と後者では考えるべき規模がまったく違います。

　おおまかな目安として、セキュリティに関しては、**ITにかけている年間の金額の10%以上**を考えてみることから始めるのが良いでしょう。アメリカの企業では30%程度を目安にせよと言われるそうですが、最初の投資ということで、この程度に抑えてみます。

　もしITにはほとんどお金を使っていない、ということであれば、最低金額として会社に置いてあるパソコンの数×1万円程度を毎年かけることを考えてみましょう。これは仕事用のパソコンそれぞれに**パスワード管理ツールとアンチマルウェア**をインストールしたときにかかるのがだいたいこのくらいだからです（購入する製品やサービスによっては、もう少し安く抑えられる場合もあります）。

- **ITにかけている年間の金額の10%以上**を目標に投資する
  または
- **会社においてあるパソコンの数×1万円程度**を目標に投資する

　物理的なセキュリティ（鍵や金庫、警備、防犯カメラなど）については、会社に在庫があるのか、その価値がいくらかなどによって大きく異なるので、ケース・バイ・ケースとしておきます。

◢ といっても人もいないし時間もない

　さて、このような目安を押さえたのは良いとしても、現実的にはセキュリティについて勉強して、対策方法を専門家に相談して、対策を考えた上で実際にそれを実行して、という段階まで要領よく進めることは、なかなかできないものです。

　いざ始めてみると、さきほど設定した目安はどこへやら、過去に起きた自社のセキュリティ問題を調べて対策を考えるだけであっという間に何時間も経ってしまうでしょう。会社の状況を調べてあれもいる、これもいるとなると、お金も果てしなく必要な気がしてしまいます。

　そのため、本書ではできるかぎり手間のかからないこと、費用が安く済むことを中心に説明します。

　次の第2章では、今すぐできる対策にはどのようなものがあるかを書いていきます。また、第3章では、IT担当者が実際にセキュリティの製品やサービスを買って使ってみるまでを説明します。まずはここまで目を通し、やれることからやってみてください。

　そして第4章では、実際に会社のセキュリティ方針を作って実行してみます。これにはだいたい1週間から1か月で、実際に会社のセキュリティ対策をやっていく例を示してみます。最後の第5章では、もう一歩ステップアップするための方法について書いておきます。

　本書は辞書のような使い方はあまり想定していません。流し読みでもよいので、最初から最後まで読んでみてください。そうすることで「ふーん、セキュリティってこういうことをやるのか」というイメージを固めることができると思っています。時間的に余裕がないのであれば、まずは第2章だけでもかまいません。

　ひととおり読み終えたころには、セキュリティについて書かれたほかの書籍やガイドブックを読んだり、Webサイトを見たりするときのハードルがいくらか下がっているでしょう。

　セキュリティは長距離走のように気負うのではなく、気楽にちょっと早歩きをする、くらいの感覚でやっていくほうがうまくいくものです。本書を参考に、無理のないセキュリティ対策を始めていただけばと思っています。

結局、身の丈に合ったことをやるのが正解ってことだな

そうですね。ただ、同じような立場の会社の平均よりも、ちょっとだけ上を目指すっていうのがいいらしいですよ。あの会社はしっかりやってるぞってことで、狙われにくくなるんですって

どうせなら中途半端じゃなくて、ぶっちぎりトップを目指したほうがいいんじゃないのか?

そこまでやると逆に、腕試しのために狙ってくるハッカーがいるらしいです

な、なるほど……

── チェックリストで自社のセキュリティについて調べる ──

　ヒグマ水産加工の場合は過去いろいろなセキュリティの問題があったとしていくつか例を出しましたが、はっきりした被害が過去になかった場合は、自分の会社がどのくらい危ないのか、を理解するのは結構大変です。実際に問題が起きるまで待つわけにもいきません。

　そこでこのコラムでは、比較的簡単な方法として、チェックリストを使った調べ方を紹介します。これは会社にあるものや仕事のしかたを調べて、チェックリストと比べて問題点をさがしていきます。理想的なセキュリティ会議やオフィスの鍵のかけ方、パソコンやネットワークの設定などのリストを見ながら、1つずつ確認するのです。

　確認するためのリストはISMSやNISTの文書、CISベンチマークといったものがあります[15]。これはどこかの会社が作ったものではなく、すべての業界に通用する基準となっています。

　本格的なセキュリティを検討する場合は、これらの基準に照らし合わせて確認してくれるコンサルタントに依頼します。

　もう少し簡単なものとしては、経済産業省の外郭団体である独立行政法人情報処理推進機構（以下、IPA）のガイドラインの付録に5分でできる！情報セキュリティ自社診断[16]というものもあります。こちらはISMSなどよりも数段簡単で、パソコンを最新の状態にしているか、ウイルス対策はしているかなど、25項目のチェックができます。下記に掲載したQRコードからダウンロードできるので一度見てみましょう。普段遣いのパソコンに点数を付けてみるのもよいと思います。

　チェックリストでの調べ方の良いところは、やることがはっきりしているところです。「うちの会社はここが弱いね」や「こんなこともやってないのはダメだね」といった話が簡単にできます。筆者の経験に基づく範囲ではありますが、日本では、このチェックリストでの調べ方を好む会社が多いようです。

　ただし、チェックが正確にできるとは限りませんので、一見満点のように見えて、実はチェック漏れがある、ということもあります。また項目の量が多いと1回目で疲れきってしまい、継続的にチェックし続けられないこともあります。また、リストさえ埋めればなんとかなるという心理から、大事な部分をよく理解できていないまま進めてしまうこともあります。

---

[15]　厳密に言えばISMSなどはチェックリストだけで作られているわけではありませんが、調査用のリストを用意している方法として広く普及しているので、例として出しました。

[16]　IPA.「5分でできる！情報セキュリティ自社診断」.
https://www.ipa.go.jp/security/keihatsu/sme/guideline/5minutes.html

　そこで本書では、もう1つの方法であるリスクの大きさを調べることを重要視しています。

　こちらの場合は、この会社では誰が何をどうしているかを調べ、どこをどう攻撃されるとどんな被害があり、そのためにどう対策するかを調べます。仕事の流れやそこで使うデータなどを調べて、危なそうな部分をどう管理するかを考えます。こちらは地道な作業で時間がかかりがちですが、最重要なものから守っていくという現実的な対策がとれます。

お金をかけずに
できる対策

会社のセキュリティは担当者が1人で対策するものではなく、全員が意識しなければならない部分がたくさんあります。この第2章では、最も重要なセキュリティ対策を短い時間でお金をかけずにやってみて、セキュリティを一段階高いレベルに持っていくことを目指します。

はじめに

まずは今すぐできることを始めましょうか

いきなりか。もっと慎重にやったほうがいいんじゃないか?

そのセリフ、去年もおとととしも聞きましたよ

　会社のセキュリティを考える場合は個人の防犯と異なり、狙われるのは会社の資金や物品、IT製品などの資産のはずです。ここではまず、犯罪に対する予防と対応として、次だけを考えてみます。

1. 重要な資産が何かを調べ、それが盗まれたり壊されたりしたらどうなるかを考えておく
2. 普段から起きそうな問題をどう対策するか考えておく
3. 問題が起きたときの一時対応と情報共有が素早くできるようにしておく

　また、第1章にも書いたように、現代のセキュリティで重要なのは情報セキュリティです。IPAは、重要なITセキュリティ対策を情報セキュリティ5か条※1としてまとめています。これは次のような内容です。

1. OSやソフトウェアは常に最新の状態にしよう!
2. ウィルス対策ソフトを導入しよう!

※1　IPA.「情報セキュリティ5か条」.
　　　https://www.ipa.go.jp/files/000055516.pdf

3. パスワードを強化しよう！
4. 共有設定を見直そう！
5. 脅威や攻撃の手口を知ろう！

　この5つはどんな組織でも必要になる、とても良い指標です。それぞれの具体的な中身は注1から確認できますので、まずは一度読んでみましょう。

　以降ではこれらの基本を再構成し、順序だてて実行できるように紹介しています。アンさんやゼン社長と一緒に見ていきましょう。

2-1 社員の所持品とその使い方を調査する

えーと、まずは何をすればいいんだったか

盗まれたり、壊れたり、なくしたりしたら困るものを考えるんですって。何がありますか?

えーと、在庫が盗まれたり腐ったりしたらまずいな

それから?

パソコンに入れてあるファイルが壊れるのもまずい

それから?

キリがないなあ……

　というように、何が大事なのかを調べるのは結構大変です。ですので、本節ではまず、社員が何をどう使っているかを調べてみます。そのためには、持ち物とその内容を調べてみることが簡単です。これをやることで、P.34でリストアップした一般犯罪やサイバー犯罪の対策を実行に移すための素材が集まります。

　こうした話になると「いや、それはプライベートにもかかわることだから……」と思われがちですが、なにもパソコンやスマホの中身を見たり、個人情報を暴露させたりするわけではありません。ここでやってもらうのは、持ち物にかかわるセキュリティ関係の質問をして、持っている／持っていないの二択を答えてもらうだけです。使い慣れているパソコンやスマホであっても、セ

キュリティ的な観点から見るとあまりよくわかっていないこともあるからです。

　社員へセキュリティのアンケートをとるためのテンプレートを本書の巻末に添付してありますので、実際に確認してもらいましょう。これによって、セキュリティに対する各社員の認識を上げることができます。

社員が仕事で何を使っているか調べよう

　まずは、仕事に関係する情報が入っている物理的なITデバイスとカード類など、仕事に必要な持ち物を調べてみましょう。

　そもそもセキュリティ対策というのは、会社の資産が奪われたり壊れたりしないようにすることです。そのため、その資産に直結する社員の持ち物がどういう状態なのかを調べることが重要です。「セキュリティが大事ですよ！」と朝礼やメールで警告をするより、はるかにセキュリティへの意識が高まります。そればかりか、本来持っているものをなくしていたり、想像していなかったものが仕事の役に立っていたことがわかって、セキュリティ以外のことに役立つ場合もあります。

　ただし注意点として、プライバシーに関することは聞きません。たとえば社員が持っている小物や文房具まで調べる必要はありません。ここで知りたいのは、会社が被害を受けることにつながるかなので、仕事上必要で、なくなったりいじられたりすると困るものについて確認するようにします。

　聞き方も「見せてください」と頼むのではなく「こういうことをやっていますか？」という質問をするだけで、この段階では実際にやっていることを追及する必要はありません。

　具体的には、次のような質問をします。

1. 仕事で普段使っている個人用の物品について教えてもらう

　まずは各社員が仕事に使っている持ち物について質問します。特に電子デバイス、つまりパソコンやスマホ／タブレットを持っているかどうかは確実に答えてもらいます。私物であっても、スマホやUSBメモリなどを会社や仕事で使っている場合は調べる対象にしてください。それ以外では、入退室に使うカードキー、社員証、名刺、制服など、会社で支給しているものが手元に間違いなくあるかも調べておきましょう（**図2-1-1**）。

　衣類や靴、カバンなどプライベートで利用するものは含めないようにしてく

ださい。一部のモニター、キーボード、マウスなどの安価なものや、机や椅子などの什器も含めません。ポイントは、1）会社で仕事をするためのもの、2）個人の責任で使っているもの、3）替えがきかないか、または会社への所属を示すものをリストにすることです。

　社員共用のパソコンや社用車など、複数人で共有しているものや、会社に転がっているがだれが管理しているかわからないものは、セキュリティ担当者が中心になって第4章で考えるので、今は置いておきます。

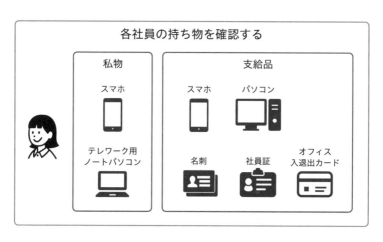

図 2-1-1：社員が業務で利用する持ち物の例

2.持ち物が会社のものかを答えてもらう

　各社員が仕事で何を使っているのかを表にしたら、次にそれが個人で買ったものなのか、会社で買ったものなのかを答えてもらいましょう。また、それが会社に返却すべきものかどうかも調べましょう。

　たいていの持ち物についてははっきりと答えられると思いますが、経費で買ったけれど私物になっていた、会社に寄贈したつもりだったなど、あいまいなものがあるかもしれません。特にテレワークで使っているものは、はっきりしないことがよくあります。

3.持ち物を使う場所を調べる

　持ち物がオフィスなど勤務先だけで使うものなのか、自宅や外で使うものなのかを調べます。

4.持ち物を紛失しているかや、持ち物に特徴があるかなどを調べる

いわゆる備考欄ですが、作っておいたほうが良いです。特徴というのは、各個人が独自の加工や装飾をしているかということです。これは細かいことまで聞いているときりがないので、個人の申告でかまいません。

持ち物について調べることはこれくらいでよいかと思います。社員が2〜3人であれば、ここまでをそれぞれに質問して答えをメモに取れば終わりですが、人数が多い場合はリストを作って埋めてもらうことになります。

ただ、ここで単に「書いてください」とだけ頼むと、靴やボールペンまで書く人もいれば、パソコンだけしか書かないなど、予想と違った結果が返ってきてしまうものです。これを防ぐためには、アンケート用紙である程度回答を予測しておいて、ほしい回答が得られるように質問で誘導することになります。たとえばアンさんは**表2-1-1**のような質問用紙を作ったようです。

巻末の付録には、これよりももう少し一般的なテンプレートを用意しましたので、それぞれの業務に合わせて作成してみましょう。

この段階でも、紛失や盗難などセキュリティ関連の情報が手に入るかもしれませんが、なくした事について社員にお説教をしていては話が進みません。今知りたいことは、自分の会社がどのような会社で、どこまでセキュリティができているのかなので、回答を集めたら、それを手元に置いて次に進みましょう。

以下の支給品を確認して、確認欄にチェックを入れてください

持ち物	確認欄	社外での利用	備考（修理している、複数あるなど）
パソコン	☐	ある・ない	
スマホ	☐	ある	
社員証	☐	ある	
防犯ブザー	☐	ある	
オフィス入室用カード	☐	ある	
倉庫の鍵	☐	ある	
	☐		

※ リストになくても業務上ないと困るものがあれば書き足してください
※ 個人の衣類やカバンなどの完全に個人に属するものや、なくても簡単に替えが効くものは書かなくてかまいません

表 2-1-1：持ち物のチェックリスト（例）

📎 パソコンやスマホをさらに詳しく調べてもらおう

先ほど調べたリストができたら、調査の第二弾として、電子デバイスを調べてみます。

使っているパソコンやスマホについて調べてもらう

ここで調べるべきなのは、まずはOSです。つまり、Windowsなのか、Macなのかなどです。また、OSのバージョン (Windowsであれば7や10などのうちどれか) も調べておきます。それから、パソコンやスマホのソフトウェアアップデートをやっているかも聞いてみましょう。これはセキュリティ上非常に重要なことです。さらに、使うときにパスワードやPIN、パターンロックなどを設定しているか、それらが失敗した場合にデバイスをロックするような設定をしているかどうかも教えてもらいます。

巻末の付録に、このアンケートを実施するためのテンプレートを用意しましたので、必要に応じて利用してみてください。

そのパソコンやスマホなどに入っているセキュリティツールを教えてもらう

アンチマルウェアやパスワード管理ツールを個人で使っているかを調べます。会社で購入したものを使っているのであれば、それを書いてもらって社員の理解度を把握します。この質問では「わからない」という答えも考えられますので、そのような質問欄も作っておきます。

業務上重要なデータの共有方法とバックアップ方法を教えてもらう

それから社員のパソコンやスマホに入っているデータについて、バックアップは取っているのかいないのかを調べます (**図2-1-2**)。

一般的な話として重要なデータはパソコンなどが壊れたときのために、どこかにコピーを置いておく場合があります。このため最近はGoogle DriveやDropbox、iCloudなどのクラウドサービスがよく使われるようになりました。スマホで撮った写真をクラウド上にコピーすることは広く知られていますが、仕事で使うデータも同じように保管できます。

会社側で同期やバックアップをとっている場合は、セキュリティ担当者がそのやり方を理解していればかまいません。この場合は「会社でバックアップをとっているんじゃないですか?」という回答が返ってくればOKです。そうで

ない場合は、それぞれバックアップをしているか聞いてみます。

　ここで、私物を仕事で使っている場合は、会社で用意しているサービスを使えていないかもしれません。私物だからといって同期もバックアップもサボっているのであれば、要注意ということになります。

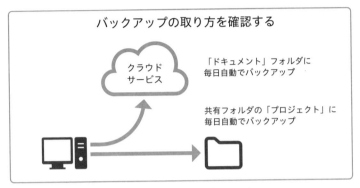

図 2-1-2：バックアップの取り方

セキュリティの相談相手を知っているか教えてもらう

　わかりきっている場合は質問しなくてもかまいませんが、セキュリティ担当者が誰なのかは、一応聞いてみましょう。ヒグマ水産加工であれば、アンさんと書いてあればよいわけです。この質問では「セキュリティの問題が起きたら誰に相談しますか」と書いてしまうと何のための質問かよくわからない場合もあるでしょうから、「データが消えてしまったとき」「ウイルスが見つかったとき」のように書いておくのをおすすめします。

　想定した回答が得られなければ、あとで社員向けセキュリティ研修のテーマにしておきます。

パソコンやスマホなどに入っている仕事用のデータを、重要な順番に最大3種類ほど教えてもらう

　基本的な情報を確認したら、次はパソコンやスマホにどんなデータが入っているかを調べます。たとえば顧客の個人情報や、製造業であれば設計図、医療関係なら患者のカルテなどでしょう。

　攻撃者はこれらのデータを暗号化して身代金を要求したり、ライバル企業に

流したりできるかもしれません。また、会社が取引をしている銀行の口座情報や社員に関する情報も悪用されます。パスポート番号やクレジットカードの番号、保険証の番号なども、重要なデータといえます。これらはすべて奪われたらお金に変えられてしまいますし、それをもとに銀行からお金を借りることもできます。会社の悪評を流されるなどの問題にもつながることもあります。

セキュリティ担当者はこの質問への回答を基にして、奪われたり書き換えられたりしないように対策を考えます。そのための素材となる情報が必要なので、各社員に質問します。

ここで聞くときのコツですが、多くても3種類くらいに抑えてもらいましょう。また、一つ一つの具体的なファイルではなく、どのような用途で使うものがあるか、例を出して聞きましょう。例えば「営業関連文書」「人事情報」などです。想定しているものより細かかったり大雑把だったりした場合は、個別にどんなデータを扱っているかを聞き取っていきます。

ここで知りたいのは、この人はどのようなデータの使い方をしているのかを理解することです。そのため、周囲の関係者にも確認を取って「彼はこういう仕事をしているはずだから、こういうデータを持っているはずだ」ということも一緒に調べておくと良いかと思います。いわゆる裏取りです。人間の記憶には抜けや漏れがあるので、ある程度忘れるのは仕方がありません。しかしあまりにもデータの扱い方に問題があるようであれば、個別に注意が必要になります。

🔽 使っているアプリやサービスを調べてもらおう

パソコンやスマホを買った状態のままメモ帳と電話にしか使っていない、という人はめったにいないでしょう。たいていはアプリやサービスを使うでしょうから、それを教えてもらいます。全部調べていてはいつまでも終わらないので、仕事に関係する、会社にとって重要なデータを扱うアプリだけ書いてもらいましょう。

次はソフトウェアです。まずオフィスソフト（Microsoft Officeなど）などの有料ソフトは調べておきましょう。これは利用方法を把握できるだけでなく、経費がどのくらいかかっているかやライセンス違反がないかを調べるのに役立ちます。無償のソフトをすべて調べるのは困難かもしれませんが、ブラウザ（Google ChromeやEdgeなど）とメールソフト（Gmailなど）だけは調べておきましょう。これは、会社で勧めているもの以外を私用で使っているか

どうかのチェックです。会社によっては、これらを禁止する場合もあります。

　それ以外のアプリに関しては、ファイル交換ツールが入っているかなどがセキュリティ的には重要です。こうしたアプリはパソコンがウイルスに感染する可能性を飛躍的に上げるからです。それからアダルト関連、ギャンブル関連などのアプリも不要でしょう。

　ただ、社員に聞いても、堂々と「ファイル交換ツールを入れてます！」や「ギャンブルアプリを入れてます！」と答える人はまずいないでしょうから、この段階では追及しないことにします[※2]。社員が「こういうことを調べる会社だったのか」とわかれば、こっそり消してしまうかもしれませんが、それはそれで1つの進展です。

　巻末の付録には、こうしたIT機器を調査するためのシートも用意しておきました。IT機器1台ごとに1枚を使うようになっていますが、アプリとサービスだけは複数使っていることを考え、別シートにしてありますのでご利用ください。

さて、アンケートを回収してみました。えーと、USBメモリを渡した人が渡されてないと言い張ってたり、持ち出し禁止のパソコンを持ち出して使ったりしている人がいますね……

すまん、次からしない

※2　従業員が専用で使っているパソコンやスマホを取り上げて中身を調べるのは、間違ってもやってはいけません。モラルの問題が大きすぎます。

― 私物を制限するべきか ―

ところで、仕事で使っている私物のパソコンやスマホがあるかを調べることについて説明しましたが、そもそも私物を仕事に使ってもよいのでしょうか？また、会社は社員に必ずパソコンやスマホを支給するべきなのでしょうか？

まず原則ですが、私物を仕事に使うことはかまわない、というのが現在の主流になっている考え方です。仕事のためとプライベートのために2台以上を持つのは不便ですので、それほどおかしなことではなくなってきました。

そうはいっても、兼用にする場合、貴重なデータが入っているのであれば、そのパソコンやスマホは会社で伝えたセキュリティのルール内で使われるべきです[3]。勤怠の連絡や居場所を報告したりする程度のスマホであっても、必ず最低限のルールは守ってもらいます。

私物の場合は、セキュリティについて可能な範囲での対応、たとえば会社で利用するデータやツールを自分の用事のために使わないこと、パソコンなどに普段はロックをかけておくことなどはお願いすべきですが、過度の干渉はプライバシーにも関係することなので、やってはいけません。

しばしば問題になるのが、位置情報を会社で共有しようとすることです。何かあったときを考えると心強いものですが、これは社員を不必要に管理するハラスメントにつながりやすいことから、基本的にはやるべきではないと考えましょう。ただし、社員が危ない状況に陥ったときに会社へ連絡が取れることは重要ですので、アプリだけ入れておいて、社員が必要なときに本人の判断で機能をオンにできるようにしておくことをおすすめします。

最後に、これは当然のことですが、会社の重要なデータが入っていたり、特殊なシステムへ接続できたりするようなパソコンについては、私物を認めず会社の経費で購入しましょう。

---

[3] パソコンやスマホの中身をソフトウェアを使って2つ以上に分割し、業務用と私用に分けるということは技術的にはできるのですが、手間とお金がかかるため本書ではお勧めしません。ですが、私物を会社で利用することはBYODと言われ、多くの会社が注目しているテーマのため、今後はもっと容易な方法が登場するかもしれません。

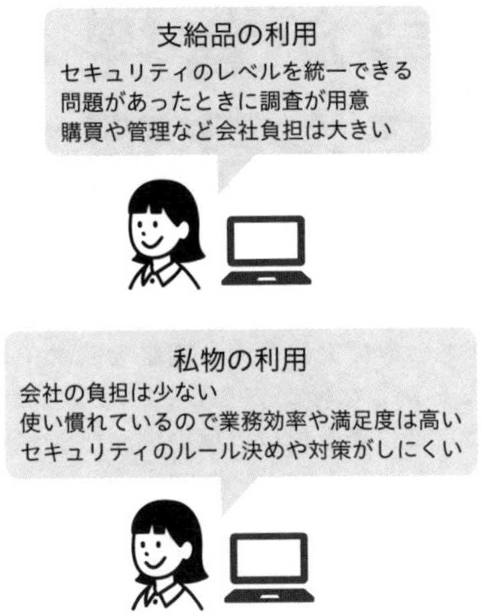

支給品の利用
セキュリティのレベルを統一できる
問題があったときに調査が用意
購買や管理など会社負担は大きい

私物の利用
会社の負担は少ない
使い慣れているので業務効率や満足度は高い
セキュリティのルール決めや対策がしにくい

図 2-1-3：支給品の利用と私物の利用

2-2 社員が管理している資産を整理する

とりあえずさっきのアンケート結果を眺めてみたが、あきらかにおかしな使い方をしているならともかく、それ以外はどこに手を付ければいいんだろう？

結果を整理する必要がありますよね。どういう見方をすればいいか見てみましょうか

　先ほどの調査を通じて、社内のどこに何があるのかなどを再確認できたかと思います。もし本来あるべきでない場所に保管されているものや、不要なものが今も使われていることが分かった場合は、その資産を整理する必要があります。

業務用の物品を整理しよう

　調べたアンケート結果を見てから、最初にやることは物品の整理になります。まずは次のようなことを考えてみます。

社内に置くべきものを戻すように通知する

　会社の物品は盗難や紛失を防ぐため、事務所へ戻します。社内に置いておけば大丈夫というわけではありませんが、管理のしやすさが違います。一時的に自宅へ持っていった印刷物やUSBメモリなどは事務所に戻すか、いらないなら捨ててもらいましょう。

必要な場合でもむやみに持ち出さないことを通知する

　テレワークのために社外にノートパソコンなどを置いている場合は、使用後はデスクの引き出しなど、目の届きにくいところに片付けるように伝えておきましょう。屋外に持ち出す場合は置き忘れたり、周囲から見られたりしないよ

うにしてもらいます。

不要なものを処分する

　業務に必要がないものは捨ててしまいます。特に会社に関係するデータが書いてある紙やDVD、USBメモリの場合は、会社に戻すかパソコンなどにデータを移動して処分しましょう。アンケートにはこうした物品の情報までは書いてもらえないことがあります。「そこまでやる必要はないと思っていた」や「自分でも把握できていない」など、理由はさまざまですが、こういった見逃しがないよう念のため再確認しておくとよいでしょう。

　ヒグマ水産加工では**図2-2-1**のような流れで、アンケート調査後の作業を実施しました。

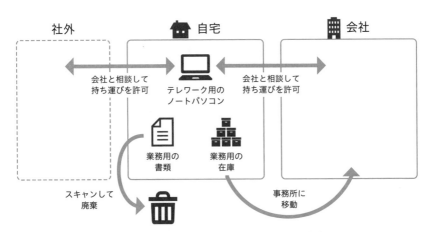

図 2-2-1：調査結果に基づいた資産の整理（例）

　この作業が終わったら資産管理リストを作って、どこに何があるかを記録しておくとよいのですが、これは今はスキップします。第5章で詳しく説明します。

◤ デバイス内のデータ・ファイルを整理しよう

　パソコンやスマホ内のデータは放っておくとどんどん増えていきます。しかも最近はハードディスクが大容量になったので、捨てる必要と言うのはあまりないと考えられがちです。

　しかし、パソコンやスマホ内に入っているデータが記念写真くらいならともかく、業務に関係するメールや営業書類などが漏えいすると、思わぬ被害につながります。調査リストを見て、各自のパソコンにそのようなデータがあるとわかったら共有フォルダなどにデータを移動してもらい、自分のパソコン・スマホからは削除してもらいましょう。

　ヒグマ水産加工では、これまでWindows Server 2016が動いている社内サーバーの上に共有フォルダを作って利用していました。しかしテレワークで使う人が社内のネットワークに接続できないため、データはメールなどでアンさんに管理してもらっていました。

　しかし、この方法は手間がかかりそうです。最近テスト的に契約したMicrosoft 365 Businessが便利そうだとわかったので、こちらに含まれているクラウド型共有ストレージのOneDriveを利用してファイルを共有することにしました。これでパソコンやスマホ内の重要なデータはクラウドサービスで同期をとることができました（**図2-2-2**）。

　このようなフォルダの利用方法はテレワークが始まってからは主流になってきました。それでもまだ新しい方法になりますので、やるのであれば小さい規模から始めることをおすすめします。

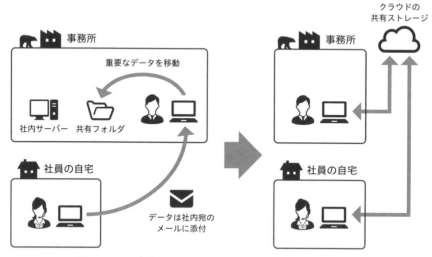

図 2-2-2：調査結果から実施したデータ・ファイルの利用方法

🔖 業務上不要なアプリをアンインストールしよう

危険なソフトウェア、たとえば匿名で利用するファイル交換ソフトの利用は厳禁です。WinnyやShareなどのソフトウェアは不特定多数の間で、パソコンにあるファイルを簡単に交換する機能がありますが、これを業務用のパソコンで使うのは論外です。社外秘の情報が流出したら目も当てられません。

というわけで、不要なアプリが入っているという回答があれば、すぐにそのアプリを消してもらいましょう。不要かどうかの判断ができない場合は、ネットで評判を確認して使うべきかを決めます。

貸与しているパソコン、スマホの場合は、アンインストールしてもらった後に会社からチェックしましょう。個人のパソコンであればそこまですべきではありませんが、情報漏えいに直結するので業務用のパソコンには決して不要なアプリをインストールしないよう念を押しておきましょう。会社によっては懲戒処分を用意するところまで考えるべきです。

危険性が少ないアプリ、たとえばゲームやチャットツールについては、消さないとダメだときつく言っても、実際はこっそり使われることもあるでしょう。これらについては、まずはメール通知で一般的な危険性を説明しましょう。そのうえで私用のアプリ利用があまりにも目に余るのであれば、セキュリティツールを購入してルールを設定し、必要なアプリは最新にして、不要なものは削除します。これについては、第3章の「Web/アプリケーション/デバイスの制御（コントロール）」の項（P.102）で詳しく説明します。

🔖 バックアップを確認してリストアできるかテストしよう

データがなくなったときに備えてバックアップをとるのが重要なのは前述したとおりです。ヒグマ水産加工の場合はクラウドサービスのOneDriveをバックアップに利用すると決めたようですが、DropboxやGoogle Driveなどの広く知られている製品なら、たいていは同じ用途に使えるでしょう。スマホ、たとえばiPhoneであれば、iCloudなどのストレージサービスを使ったバックアップが取れるようになっています。

ただし、ランサムウェアによる暗号化など、ファイルが壊れるような問題があると、その壊れたファイルそのものをバックアップしてしまうという可能性もあります。そこで壊れる前のファイルへもアクセスできるよう履歴を取っておけるようにしてもらいましょう。履歴の取り方はサービスごとに設定方法が

違いますので、サービス提供会社のサイトなどを参照してください。サービスによっては追加で課金が必要な場合もありますが、できれば契約すべきです。

また、履歴はファイル自体が消えてしまうと一緒に消えてしまう場合もあります。そこでもう1か所、さらに別の場所にコピーしてもらうことも考えます。

バックアップを取ってもらったら、データやファイルが、自分のパソコン以外から取り出せるかまで確かめてもらいましょう。このような作業をリストアと言います（**図2-2-3**）。

ファイルのリストアについてはたいていの場合は問題なく行えますが、データベースなどのソフトウェアであれば、慣れていないと何か起きたときにリストアをうまくできないかもしれません。そうなると仕事を続けられなくなるので、バックアップの意味がなくなってしまいます。

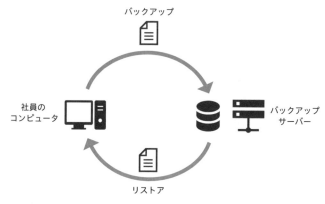

図 2-2-3：バックアップとリストア

 物品を整理して、データとファイルを整備して、バックアップを確認、か

 クラウドサービスをテストしててよかったですよ。社内サーバーは管理が面倒で……

 だからみんなクラウド、クラウドって言うんだろうな

USBメモリや外付けハードディスクでの
データのやりとりは極力避ける

USBメモリや外付けハードディスクを利用している会社は多いと思います
が、理想を言えば、USBメモリ、外部接続型のハードディスクは使わないこ
とをおすすめします。同様に、DVD-R、CD-Rなどの利用も避けたほうがよ
いでしょう。紙になにかを印刷することも、法律上の必要性などがなければ、
おすすめしません。

現在、データをバックアップしたり取引先とやりとりしたりするときには、
クラウドサービスを使うことが最善の方法となりました。物理的なメディアは
情報流出の危険性が高く、しかも機器が物理的に壊れてしまうとデータがあっ
さり消えてしまいますが、クラウドサービスではデータの消失などはめったに
ないからです。

最近のクラウドサービスは多要素認証が使えたり、プラットフォーム側の脆
弱性対応や暗号化などが用意されていたりと、セキュリティ機能が充実してい
ます。Google DriveであれDropboxであれ、メジャーなサービスであれば、
アクセス制限など押さえるべきところを押さえていれば、問題なく利用できま
す。

こうしたサービスの利用が慣れなくて不安であったり、オフラインで利用し
ているコンピュータとデータをやりとりすることが必要であったりすると、物
理的なメディアを禁止するのは難しいかもしれません。ただしその場合でも、
USBメモリやハードディスクだけにデータが入っている、という状態はおす
すめしません。一時的なデータの受け渡しにとどめておくべきです。

2-3 問題点をつぶして マルウェア対策をする

この節からはパソコンやスマホのセキュリティ対策を
考えてみるそうですよ

アップデートとかアンチマルウェアとか、そういうのだな

はい。うちの会社でも話題に出したことはありますが、
もう一度確認してみましょう

ソフトウェアがどう動いているかって、あまり考えたこ
とないしな

　というわけで、ここまではIT技術とは直接関係ない内容もありましたが、
この節からはパソコンやスマホにどんな問題があって、マルウェアにどう感染
するのかを主に見ていきます。

　怪しげなメールの添付ファイルを開いたとき、怪しげなURLをクリックし
てしまったとき、マルウェアが入っているUSBメモリや共有フォルダへ接続
してしまったとき、マルウェアをダウンロードしてしまうのはよく知られてい
ます。でもそのとき、いったい何が起きているのでしょうか。

　マルウェアそのものはexeファイルなど直接実行できる形式なので、送り
込まれてくると「本当にダウンロードしますか？」のような警告も出ることが
多く、txtやdocxのファイルじゃないなんておかしいな、とたいていの場合
は気づくでしょう。

　しかしソフトウェア、たとえばOSやワープロソフトなどの問題点を悪用さ
れた場合は別で、普通の文書ファイルだと思って接続したりするだけでマル
ウェアをこっそり強制的にダウンロードさせられ、感染してしまったりするの
です。

このようなソフトウェアの問題点は脆弱性やセキュリティホールと呼ばれ、ソフトウェアを作っているときのミスで生まれます。「なんで脆弱性なんかあるソフトウェアが売られてるんだ、けしからん！」と思われるかもしれませんが、これはある程度仕方がありません。多すぎる場合は作った会社の責任が問われますが、全部消すことは現実的には不可能です。

そのため、攻撃者はこの脆弱性を悪用してハッキングを仕掛けたりすることが多いのです。脆弱性を悪用した攻撃はエクスプロイトと呼ばれますが、このエクスプロイトに続いてマルウェアを送り込まれてしまうケースがよく見られます（**図2-3-1**）。

エクスプロイトをされないためには、脆弱性がある部分を修正するか、他の部分でカバーするか、使わなくしてしまうなどが考えられます。次で詳しく説明します。

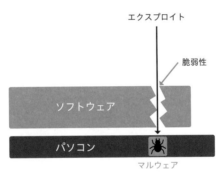

図 2-3-1：脆弱性とエクスプロイト

🟣 まずはアップデートしてパッチを当てよう

たいていの人は、自力でソフトウェアを修正して脆弱性をつぶすことまではできません。使っているソフトウェアにどんな脆弱性があるかを調べることも、手間を考えるとなかなか難しいでしょう。そこで考え方を切り替える必要があります。

ソフトウェアメーカーは脆弱性が見つかったら、それをつぶすために次のバージョンや修正用のパッチを公開します。まずは社員全員にこのアップデートとパッチ適用（**図2-3-2**）をやってもらいます。これは、ITを利用するうえで最も重要な対策です。

　家の水漏れを防ぐようなものだと考え、全員が常にアップデートをしてもら
う必要があるのです。

　そうはいっても、個々人が自己責任でアップデートをする方法だと、面倒だ
といってやらない人が出てくる可能性もありますし、そもそも全部のソフト
ウェアのパッチを調べるのはプロでもなかなかできないものです。

　セキュリティ担当者が特別なツールなしに社員全員のパソコンやスマホの
パッチやアップデートを見回って調べることは難しいです。警告メールを送る
のも、たいていは忘れます。

　小さな会社での現実的な方法としては、まずは先ほど調べたアンケート結果
を確認して、アップデートやパッチ当てをどのくらいやってもらっているかを
見てみます。できていない場合は、その重要性を説明してから、特にパソコン
やスマホのOS、つまりWindowsやMac、iOS、Androidを定期的にアッ
プデートするよう伝えましょう。アプリについては、スマホの場合はアップ
デートをするよう勧められますので、それに従います。それ以外は特に大きな
ニュースになっているものをアップデートするよう連絡します。

　それでは不十分だと思った場合は、定期的に自動調査して強制的にアップ
デートを実行できるセキュリティツールを考えます。第3章の「脆弱性管理ま
たはパッチ管理」項（P.98）を読んでみてください。

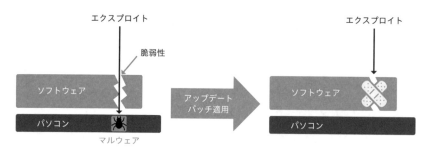

図 2-3-2：脆弱性をアップデートやパッチ適用で防ぐ

📁 サポートが終わった OS や不要なアプリを使うのは避けよう

それでは、アップデートやパッチ当てができないWindowsなどは今後どうすればよいのでしょうか。たとえばWindows 7のサポートは本書が出た時点ですでに終了しているので、もうアップデートはできません。そうすると、脆弱性が残ったままになり、攻撃が簡単になります。

これは結論から言うと、使うのをやめるしかありません。支給している場合は処分し、私物の場合は業務で使うのをやめてもらいましょう[4]。

仕事が忙しくなればなるほど、パソコンの買い替えなどは後回しになりがちです。ですが、特にWindowsの場合は古いOSを利用することはできる限り避けましょう。脆弱性を残すのはそれほど危険なことなのです。

本書では具体的なハッキングの方法までは説明しませんが、やり方が載っている本はたくさんありますので、興味があれば読んでみてください[5]。やる気とそこそこのIT知識があれば、数か月で「条件次第ならできるかもしれない」という程度には理解できるでしょう。

また、セキュリティツールの中には、宣伝文句として「サポートが切れたOSも保護します」と書いてあるものもありますが、あまり信用しないほうが良いでしょう。たいていの場合、効果は限られています。

OSの変更についてですが、パソコンのメーカー側でOSの入れ替えサービスを用意していない場合、ITに詳しくなければデバイスごと買い替えてしまうほうが簡単です。ITは基本的に投資し続けるものなので、一度使い始めたら買い替えは仕方がありません。その際は現在使用しているデータをクラウドサービスや外付けハードディスクなどに保管して、新しく買ったデバイスに移し替えます。

アプリケーションのサポートが終わっている場合も、アンインストールして同じような機能のものを買います。たとえば、Adobe Flash Playerやバージョンの古いMicrosoft Officeなどは脆弱性が残っているため買い替えるべきです。同様に、開発が終わり現在サポートされていない無償ソフトなども利用してはいけません。

また、先ほども書きましたが、たとえサポートされているものであっても、

---

[4] 私用で使うべきかまでは会社側が干渉することではありませんが、やはりおすすめはできません。

[5] 参考書としては、たとえば以下があります。
IPUSIRON 著.『ハッキング・ラボのつくりかた 仮想環境におけるハッカー体験学習』. 翔泳社, 2018年

仕事に不要なアプリをインストールしない、使っているなら削除するという点を徹底してもらいましょう。なにしろソフトウェアがなければ脆弱性も出るわけがないので、不要なアプリがなければその分、問題が起きる可能性を最低限に抑えられます。そのアプリが危険なものかどうかわからないと言われた場合はインターネットで評判を検索して調べ、使うべきかを検討しましょう。

　同じ理由で、ブラウザの拡張機能も、マウスジェスチャーなどメジャーなもの以外は消してもらいましょう。用途をしっかり把握できないものは使うべきではありません。

　最後に、自分だけが使うパソコンやスマホ、外付けディスク、クラウドサービスなどに重要文書や設計図などが入っている場合は、会社で使っている共有フォルダへ移動してもらいましょう。こうした重要データは会社が用意したサービスで管理するべきです。ドラフトやバックアップのためであっても、個人が用意した場所に置くべきではありません。

🔰 アンチマルウェアを使ってもらおう

　本書はセキュリティツールのカタログではないので、特定のベンダーが販売している製品を勧めることはしません。ですが、管理ツール付きのアンチマルウェアだけは会社で買って社員に使わせることをおすすめします。これは本書で推奨する、可能な限り購入するべきソフトウェアです。これを使うことで、何かおかしなことがあったときにはセキュリティ担当者が調査し、本人から申告がなくても状況を把握することができます。

　会社が管理できるタイプのアンチマルウェアを使っておらず、社員本人に任せている場合は、まずは各自で使っているアンチマルウェアが、問題なく使えているかを確認してもらってください。アンチマルウェアが何も入っていない場合は、OSごとに違うやり方になりますが、今すぐ以下の手順を行ってください。

> Windows：標準で入っているMicrosoft Defenderを有効にする
> Mac：Webから無償版のセキュリティソフトウェアをダウンロードしてインストールする
> Android：Webから無償版のセキュリティソフトウェアをダウンロードしてインストールする
> iPhone/iPad：すぐには必要ない

特に最もマルウェアの種類が多いWindowsについては、何もしていない場合はすぐに設定するべきです。参考までに、設定の方法を簡単にまとめておきました。これはWindows 10の場合ですが、Windows 11などの他バージョンや、Macでの設定方法は本書のサポートページ（https://gihyo.jp/book/2022/978-4-297-13101-2/support）をご覧ください。

Windows Defenderの設定方法

1. Windowsにログインした状態で、デスクトップ左下の窓状のボタン（スタートボタン）を押す

2.「設定」ボタン（歯車のボタン）を押す

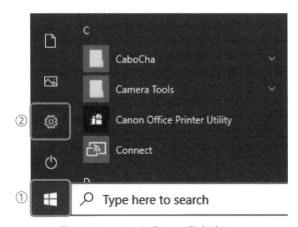

図2-3-3：スタートボタン、設定ボタン

3.「Windowsの設定」画面が出るので下にスクロールして「更新とセキュ
リティ」を押す

図 2-3-4：更新とセキュリティ

4.「更新とセキュリティ」の画面に移るので、左の列から「Windowsセキュ
リティ」を押す

5.「ウイルスと脅威の防止」を押す

図 2-3-5：ウイルスと脅威の防止

6. 「ウイルスと脅威の防止の設定」画面で、リアルタイム保護の欄の「有効にする」を押す。すでに有効になっている場合は緑色のアイコンになっているので、そのままでOK

図 2-3-6：リアルタイム保護を有効にする

　OSに標準で搭載されているアンチマルウェアは、あくまでも応急処置的なものです。第3章で説明しているアンチマルウェアの購入に関する部分を読み、導入を検討してください。

　本書では、これ以降、すでに全社員のパソコンやスマホにはなにかしらのアンチマルウェアは入っているということにして話を続けます。なお、ヒグマ水産加工では以前にキタ事務さんから勧められた製品を購入し、すでに使っているそうです。

というわけで、アップデートとパッチあてはやること。アンチマルウェアを使い続けること、だそうです

アップデートがアンチマルウェアより重要だっていう感覚はあまりなかったな

アンチマルウェアでは見つけられないウイルスも増えているからですね

なるほど。ところでWindows 7が入っているノートパソコンがあったが、これはさすがに捨てても良いか

いいと思いますけど、データは何が入っているんですか?

わからんが、ウイルスが入ってるかもしれない

捨てましょう。ハードディスクを叩き壊してから※6

※6　パソコンを捨てるときにもいろいろと注意点があります。第5章の「データを廃棄するときには」(P.194)も参照してください。

─ 対策が難しいゼロデイ攻撃とは ─

　セキュリティに関わっていると、しばしばゼロデイ攻撃と呼ばれる脅威を耳にすることがあります。ソフトウェアの脆弱性をつぶすため、開発者は修正プログラムを一生懸命作るわけですが、当然、脆弱性が見つかってから解決方法を提供するまでにはタイムラグがあります。脆弱性を見つけた人がIPAなどのしかるべき機関に報告してくれれば良いのですが、もしハッカーが見つけてしまった場合は最悪です。攻撃方法があるにも関わらず、そのハッカーは情報をひた隠しにしてハッキングに使うかもしれません。自分ではハッキングせず、別のハッカーへ情報を売ることも考えられます。

　脆弱性への対策方法が発表された日は1日目、それより前を0日目と表現することがあり、このような攻撃はゼロデイ攻撃と呼ばれます（**図2-3-7**）。この攻撃を対策することは困難です。

　ゼロデイ対策はセキュリティソフトウェアを購入したり、アクセス制御やデータ管理方法を厳格にしたりすることで成功率を減らせますが、それでもやられるときはあります。これは全世界で問題になっている現象で、プロのセキュリティエンジニアにも対応が困難です。利用を控えてパソコンをずっとシャットダウンしておくのも現実的には難しいでしょうから、危険性を理解したうえで利用するということになります。

　自分が使っているソフトウェアに重大な脆弱性が見つかっている場合は、その製品を作ったベンダーの対策がいつ行われるかをWebで確認したり問い合わせたりしてみましょう。開発元は報告が上がった段階で対策を考えているはずです。

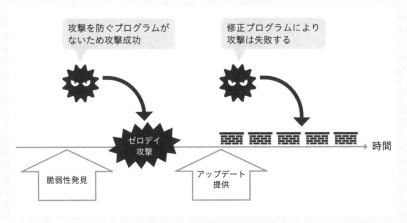

図 2-3-7：ゼロデイ攻撃

勝手に使われないよう アクセスを制限する

アップデートとアンチマルウェア以外で気をつけるのは、アクセス制限ですね

スマホにロックかけとけとか、そういうのだよな

はい。それから、サービスを使うときのパスワードとかですね

全部『kumakuma』とかにしてた

いますぐ変えてください。あとそれ、人前で言わないでくださいね……

　パソコンにしろスマホにしろ、勝手に他人に使われてしまうと情報が奪われたり消されたりします。そうされないための工夫をアクセス制限と言います。

　アクセス制限の中で、みなさんがイメージする最も身近なものは、ユーザー名とパスワードでしょう。勝手に他人に利用されたら困るものは、ユーザー名とパスワードを作って自分だけが使えるようにしますよね。アクセス制限とは、利用者が決められた範囲を超えて利用できないようにすることです。家の鍵や空港のゲートなども物理的なアクセス制限といえます。

　この節では、全社員にこのアクセス制限をやってもらう方法を見ていきます。最初にアクセス制限についての基礎知識を身に着け、それから具体的に何をやればよいかについて説明します。

パスワードの基本について知ろう

　アクセス制限の目的は、攻撃者を含む他人から勝手に利用されないようにす

ることです。そのためには、アクセスに必要な情報がわからないようにすることになります。つまり、自分しか知らないもの（暗証番号）や自分しか持っていないもの（鍵）、自分自身（顔）などです。

　その中でも最も頻繁に使われるのがパスワードです。そこで、ここでは良いパスワードの作り方を覚えてもらいましょう。

　簡単なパスワードを設定していると、すぐに破られてしまいます。筆者の知り合いに「aaa」というパスワードを使っている人がいましたが、これはハッキングも容易ですし、そばにいるとキーボード操作でバレてしまうためやめたほうが良いのはすぐにわかるかと思います。とはいえ、どの程度複雑にすればよいのか、まで理解している人は少ないでしょう。

　表2-4-1は普通のパソコンを使ってパスワードを解読するまでの時間ですが、少なくとも8ケタ程度では足りないことがわかります。

　それではどのようなパスワードを作ればよいのでしょうか。重要なのは、まず長く、無意味、複雑、使いまわさない、などが基本になります。その中でも、とにかく長いことが大事なのですが、もう少し細かく見ていきましょう。

文字長	数字	英小文字	英大小文字	数字＋英大小文字	数字＋英大小文字＋記号
4	一瞬	一瞬	一瞬	一瞬	一瞬
5	一瞬	一瞬	一瞬	一瞬	一瞬
6	一瞬	一瞬	一瞬	1秒	5秒
7	一瞬	一瞬	25秒	1分	6分
8	一瞬	5秒	22分	1時間	8時間
9	一瞬	2分	19時間	3日	3週間
10	一瞬	58分	1か月	7か月	5年
11	2秒	1日	5年	41年	400年
12	25秒	3週間	300年	2千年	34千年
13	4分	1年	16千年	10万年	200万年
14	41分	51年	80万年	900万年	2000万年
15	6時間	1000年	4300万年	6000万年	150億年
16	2日	34千年	20億年	370億年	1兆年
17	4週間	80万年	1000億年	2兆年	93兆年
18	9か月	2300万年	6兆年	100兆年	7000兆年

表 2-4-1：総当たり攻撃によるパスワードの解読時間[7]

合計文字数は12ケタ以上が必須

　コンピュータセキュリティ関連情報の発信などを行う一般社団法人JPCERT/CCのパスワードにおける推奨文字数は12ケタです[8]。ある程度単純な言葉でも、長ければ破るのが難しいと分かっています。これが第一に考えるべきポイントです。

パスワードを見つかりやすいところに貼らない

　モニターに貼っておくのはさすがに論外ですが、キーボードや机の裏に貼る

---

[7]　以下の投稿をもとに、筆者が一部翻訳を行ったうえで作図しなおしたものを掲載しています。
reddit.「I hope you find this one more beautiful than the last - updated table on time to brute force passwords」.
https://www.reddit.com/r/dataisbeautiful/comments/ihpo84/oc_i_hope_you_find_this_one_more_beautiful_than/?ref=share&ref_source=embed

[8]　JPCERT/CC.「STOP! パスワード使い回し!」.
https://www.jpcert.or.jp/pr/stop-password.html

ことも避けましょう。基本的に、鍵のかからないところにパスワードの記入された
れたものがあってはいけません。

使いまわさない

　これはあとで説明しますが、同じパスワードを他のことに使わないようにしましょう。1か所から漏れると、そのパスワードを使いまわしているWebサイトなどが全部やられてしまうことにつながります。とはいっても限度がありますので、現実的にはパスワード管理ツールを使ったほうがよいでしょう。第3章で詳しく説明します。

できれば大文字＋小文字＋数字＋記号を組み合わせる

　これも複雑さを高める方法です。ただしこのうち、記号についてはキーボードの配列が違うとタイピングの位置も違うことがあり不便なので、やや危険になりますが、使わないという手もあるかもしれません。

意味のない言葉を使う

　推測されにくいようにするために、意味のない言葉を使うという方法もあります。同じケタでも「PCuser@12345」などより「a4GZ8ev4˜3rC」のほうが破られにくくなります。キーボードのキー配列（QWERTYなど）をそのままパスワードとして利用したり、自分に関係する数字や言葉（誕生日や電話番号など）を使ったりするのもやめたほうがよいでしょう。aを＠、sを＄、oを数字の0に置き換えるなどはおすすめしません。また、解読を試みる攻撃者は、この程度のことは織り込み済みでハッキングを試みます。それよりもパスワードの字数を増やしましょう。

　良いパスワードを作るためには、こういったことを理解しておく必要があります。以下は良いパスワードの例です。

- cCf5%q7%Weze
- 3&XZ6˜k,b4zs
- ,BD_5hurZDUU
- (X)z(%S2¦UtR

　ところで、以前はよく「パスワードは定期的に変更するべき」と言われてい

ましたが、最近になって、これはあまり意味がないことがわかってきました。変更が必要なのはパスワードが漏れていることがわかったときだけです。パスワードの流出をチェックする方法は次の項で説明します。

🛡 パスワードの漏えいをチェックしよう

適切なパスワードや認証方法を使うのは重要ですが、現在使っているすべてのパスワードを変更するのは大変です。そこで、まずは問題がありそうなパスワードから変更することを考えましょう。

漏えいしているパスワードがないかを調べるには、次のようなサイトを利用する方法があります。これは社員の全員に使い方を覚えてもらい、セキュリティ担当者側でも余裕があればパスワードの漏えいをチェックしてみましょう。

Have I Been Pwned[9]

これはセキュリティ研究者であるトロイ・ハント氏が作ったサイトです。英語ではありますが、使い方は大きなフォームにメールアドレスを入力するだけです（**図2-4-1**）。「pwned?」をクリックすると、パスワードが流出しているかを確認できます。パスワード情報が漏えいしていると、下部が赤い画面に切り替わり、「Oh no – pwned!」と出て、情報が流出しているWebサイトと、どのような情報が漏えいしているのか表示されます。

このサイトではパスワードが流出しているかどうかも調べることができますが、万が一そのパスワード自体を入手、悪用されてしまうと危険ですからおすすめしません。サイト自体は有名で多くの人に信頼されていますが、利用は自己責任でお願いします。

※9　Troy Hunt. 「';--have i been pwned?」.
　　　https://haveibeenpwned.com/

図 2-4-1：Have I Been Pwned の画面

Firefox Monitor[10]

　こちらもほぼHave I Been Pwnedと同じようなサイトですが、日本語に対応しています。筆者もいくつか試してみましたが、結果はHave I Been Pwnedとほぼ同じようです。

　パスワードが誰かに抜き取られるなどして闇マーケットなどへ流出してしまう事件はよく起きています。パスワード管理ツールを販売しているNordPassの2021年の報告によると、日本ではその年に85,561,976件のパスワードが流出しており、日本人1人あたり0.68件が流出しているそうです[11]。要するに日本人の半分以上が、パスワードを漏えいさせているということになります。ニュースなどで情報流出をさせた企業がしばしば非難されていますが、現在のところ決定的な対策方法はありません。情報流出の有無を自分でも確認する習慣を身につけましょう。

🛡 アクセス方法を見直してもらおう

　パスワードが流出しているようであれば、使っていたパスワードでログインしたWebサイトやサービスにアクセスして変更しましょう。攻撃者は同じパ

※10　Mozilla.「Firefox Monitor」.
　　　https://monitor.firefox.com/

※11　NordPass.「Top 200most common passwords」.
　　　https://nordpass.com/most-common-passwords-list/

スワードで他のサイトやサービスにもログインしようとするかもしれません。おそらく人によってはパスワードを使いまわしているはずですので、これも可能な限り修正してもらいます。そのときには、単純なパスワード、たとえば「1234」や誕生日など、そういうパスワードを使わないように念押しをしておきましょう（間違えても各社員にパスワードそのものは聞かないようにしてください※12）。

さて、ここからが問題です。すでに様々な場所で使っているパスワードを全部変えるのは手間ですし、なにより覚えられないでしょう※13。かといって紙に書いたりデータに残したりすると、誰かに見られかねません。

こうした業務は無理やり強制してもうまくいきません。そればかりか、なぜかパスワード機能そのものを外してしまう人まで出てくることがあります。面倒なあまりそうしたくなる心理からだと思いますが、本末転倒です。パスワードを変えてほしいわけではなく、セキュリティを向上させてほしいのだ、という意図を正しく伝えましょう。

本書では次のような手順を全員にやってもらうことをおすすめします。

1. パソコンとスマホを使うためのパスワードやPINは覚える

この2つくらいであれば、なんとか覚えられるでしょうから、利用する人の頭の中以外、どこにもない状態にしておきます。忘れた場合に備えて再発行の方法は用意しておいたほうがよいですが、メモなどはしないようにします。

2. それ以外のサービスはパスワード管理ツールを利用する

使いまわさないであらゆるパスワードを暗記するというのは、現実的には不可能です。そこでパスワード管理用のソフトウェアを利用します。このツールは有償ではありますが、マスターパスワードを入力すると、Webサイトやシステムにそれぞれ設定したパスワードを自動で使えるようになります。これはアンチマルウェアと並んで最も重要なツールであり、第3章で詳しく説明します。

※12　たとえその後すぐに変えるものであっても、人からパスワードそのものを聞き出すことは厳禁です。現在のパソコンをはじめとする情報機器は、基本的にはパスワードを共有する必要がないようにできているはずです。話を始める前には「パスワードそのものは絶対に言わないでくださいね」という前置きから入りましょう。

※13　大企業ではこうした問題の解決のためシングルサインオンを使う場合があり、1回パソコンにログインすれば外のサイトへパスワードなしでログインできるようになりますが、手間もお金もかなりかかるため、本書では紹介しません。

3.Webブラウザのオートコンプリート機能の利用をやめる

　Webブラウザにオートコンプリートを利用してパスワードなどを記憶させている人は多いかと思いますが、本書ではおすすめしません。万一パソコンを乗っ取られたりした場合に、パスワードが全部見えてしまい、危険なためです。パスワードの自動保存をしないよう変更する方法はWebブラウザのヘルプ[14]に書いてあります（**図2-4-2**）。また、この設定は危険だと広く知られているので「オートコンプリートの設定変更手順」などのキーワードで検索しても見つかるでしょう。

　ランダムなパスワードの作り方ですが、すでにパスワード管理ツールを持っている場合、たいていはパスワード作成ツールも一緒についています。また、ルフトツールズ（LUFTTOOLS）が提供している**パスワード生成ツール**[15]などを利用するのもよいかと思います。

　なお、スマホなどのロック解除に使うPINなどの数字は4ケタ程度しか設定できない場合もありますが、いったんそのままでかまいません。

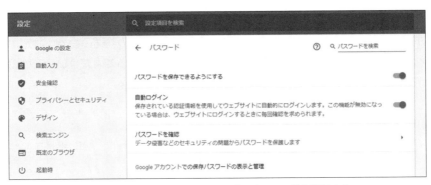

図 2-4-2：Google Chrome ヘルプ：パスワードを管理する

■ パソコン・スマホのロックを適切に設定してもらおう

　パスワードの設定以外にもパソコンやスマホの設定としてやっておくべきこととして、以下があります。

※**14**　Google Chrome ヘルプ, 「パスワードを管理する」,
　　　　https://support.google.com/chrome/answer/95606

※**15**　LUFTTOOLS, 「パスワード生成（パスワード作成）ツール」,
　　　　https://www.luft.co.jp/cgi/randam.php

Windows や Mac の場合はディスクを暗号化しておく

これはパソコンの場合です。ログインするときにパスワードを入力するようになっていても、コンピュータを破壊してハードディスクを取り出し、そこからデータを吸い出す方法が考えられます。これを防ぐために、Windowsの場合はBitLocker、Macの場合はFileVaultという、ディスクを暗号化して外部から読み取れないようにする機能があります。これらの設定はそれほど難しくありません。暗号化したハードディスクを利用するためには毎回パスワードを入力する必要がありますが、必要な手間と考えましょう。なお、暗号化を解除するためのパスワードを忘れるとパソコンが壊れたときなどに修復のためのパスワードがわからないと復旧できなくなるので、リカバリ用のファイルを作り、管理者と利用者でそれぞれ保管しておきます。

SIMカードのPIN番号ロックを有効にする

これはスマホの場合ですが、電話番号など多くの情報はSIMカードに入っています。スマホが無事でもSIMカードを盗まれたり、すり替えられたりしたらすぐに悪用されてしまいます。そのためSIMカードのPIN番号ロックをかけましょう。スマホを買った時点では「0000」などの共通の番号に設定されているはずですので、利用者それぞれに変更してもらってください。この設定方法は各スマホのサイトや取扱説明書に記載してあります。

PINを使う場合は回数制限を設定する

スマホなどではパスワードを使わずに、4ケタ〜8ケタ程度のPIN番号を使って利用できるように設定している人が多いと思います。これはパスワードよりもかなり簡単に予想しやすいので危険ではありますが、その代わりに、ログインに複数回失敗したら数時間使えなくしたり、内部のデータを削除したりといった設定ができるようになっています。この設定を、数字6ケタ以上、10回以上パスコードを忘れると内部のデータを消去するよう変更してもらいます。これで短い桁数でもセキュリティ対策になります。

生体認証を利用する

パソコン、スマホには指紋認証や顔認証など、自分自身の特徴を使う、いわゆる生体認証が使えるようになってきました。これは新しい方法のため、安全なのかわからないと議論されていますが、本書では使っても問題ないとしま

す[※16]。特にiPhoneの「Touch ID」や「Face ID」は使わないと不便ですので、利用は制限しないほうがよいでしょう。Androidでも利用して問題ありません。ただし生体認証を使っているかどうかにかかわらず、パスワードかPINは別個に設定してもらいましょう。

パターンロックは使わない

これはAndroidで使っている方もいるかと思いますが、パターンロックという、画面上の点を指でなぞって図形を描いてロックを解除する方法があります。これは落としたスマホを拾われたときにはなかなか解けないのですが、横からの盗み見には非常に弱いことがわかっています。遠くから動画に撮られても簡単に推測できます。かつては素早くロック解除ができる画期的な方法と言われましたが、残念ながら、現在はこの方法を使うのはおすすめできません。

Smart Lockの持ち運び検知機能は使わない

こちらもAndroidの話ですが、自宅や、スマートウォッチのそばなどにいるときにロックを解除してくれるSmart Lock機能はおすすめしません。ロックが解除された状態でスマホが誰かに奪われる可能性があるためです。

ロック画面から見られる情報や可能な操作は無効にする

これはスマホの場合です。攻撃者は、まずスマホを奪ったら、ロック解除できなくても、見えている画面からできるだけの情報を奪おうとするはずです。メールの中身は一部であっても見えない設定にしてもらいましょう。これはやっていない人が多いと思います。

パソコン・スマホへのパスワード以外の設定としては、以上のような点が意識できていればおおむねOKです。パスワード設定も含めていろいろとすべきことがありますが、重要な部分なので、できる限り全員にやってもらいましょう。

そして最後にですが、パスワードやPINは人に教えたり見られたりしないようにしてもらいましょう。そんなことは当たり前だと全社員が思っていれば問題ないのですが、世の中にはまだまだパスワードを共有して使っても問題ないのではと思い込んでいる文化も残っています。このような習慣は今すぐ変えるべきです。

[※16]　生体認証については、認証情報をコピーする方法がある、気温や体調によって使えなくなることがある、成長・老化・ケガなどで使えなくなることがある、などの問題が指摘されています。また、生体認証の判定システムの品質は製品ごとに差があります。新しい案として、生体認証はパスワードではなく、ユーザーIDのように利用するべきという意見もあります。

クラウドサービスの利用には多要素認証を使ってもらおう

最近のITシステムではパスワードだけでなく、複数の認証方法を組み合わせる、いわゆる多要素認証が主流になってきています。

パソコンで使っているファイルをクラウドサービスで同期する際、パスワードなどのアクセス方法を他人に知られてしまうとデータを盗まれてしまいます。そこで多要素認証が役に立ちます。たとえばMicrosoft社のOffice 365は、まずユーザー名とパスワードでパソコンにログインし、それからスマホへSMSで数字を送り、その組み合わせでログインできるようになっています。Google DriveやDropboxなどでも似たようなことができます。例えば**図2-4-3**のGoogle認証システムのように、スマホに認証用の数字を表示するアプリなどもあります。これはユーザー名とパスワードを打ち込んでから、さらにこの画面の数字を入力することで、安全にサービスを利用できるというものです。

最近のオンラインバンキングなど、お金を扱うサービスや重要なシステムでは多要素認証を設定するための機能が搭載されていることが当たり前になってきました。この仕組みによりデータ漏えいの可能性を大幅に減らすことができます。

この方法を使わなかったセブンペイというサービスでは、セキュリティが弱すぎて開始直後に被害が発生し、大きな話題となりました。現在ではSNSなど様々なサービスで多要素認証が使えることが当たり前になってきています。会社でクラウドサービスなどを利用する場合は、可能な限り、この多要素認証を使ってもらうようにしましょう。

図 2-4-3：Google 認証システムの画面（iOS）

📛 共有フォルダの権限を正しく設定しよう

この項目は個人用のパソコンやスマホではなく、サーバーなどに保存されているファイルを共同で利用する場合についてです。ファイルなどのデータをメールの添付ファイルやUSBメモリでやりとりするのは不便です。そこで最近は、あるコンピュータのフォルダを同じネットワーク上の他のコンピュータからも使える共有フォルダが使われるようになってきました。**図2-4-4**のようなイメージです。

ただ、設定がいい加減だと、無関係な人にデータを盗まれたりすることにつながります。2021年には東京電機大学で、クラウド型共有フォルダの設定ミスにより、重要なファイルが誰でも見られるようになっていたという事例がありました[17]。こうした問題はこの例に限らず、珍しいものではありません。共有フォルダは使うべき人しか使えないようにすべきです。そのための設定は、共有フォルダのサービスに必ず用意されています（**図2-4-5**）。

これを利用して、1）部外者にはアクセスさせない、2）同じ会社でも関係ない人にはアクセスさせない、ということをセキュリティ担当者側で設定します。各社員にやってもらう作業は特にありませんが、担当者は事前に各社員と十分相談し、誰が何のファイルを必要としているのかを間違わないようにしましょう。

設定方法は各サービスごとに異なりますし、ネットワークの設定がかかわるため、ここでは詳細な手順については省略します。利用しているサービス名と合わせて「共有フォルダ アクセス制限」などのキーワードで調べてみましょう。

参考までに、Dropboxに作成した共有フォルダのアクセス権限の確認画面を**図2-4-6**に示します。

また、多くのサービスでは、共有したファイルにアクセスした人が編集までできるのか、閲覧しかできないのか、といったことも設定できます。ただし、これは管理が複雑になるので最初は使わなくてもかまいません。必要のない人にはアクセスできないようにすること、これが第一です。

---

[17]　大元隆志、「東京電機大学、Boxの設定ミスで学内システム情報等が誰でも参照可能な状態に。」、
https://news.yahoo.co.jp/byline/ohmototakashi/20210114-00217335

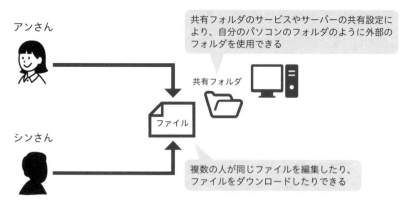

図 2-4-4：共有フォルダ

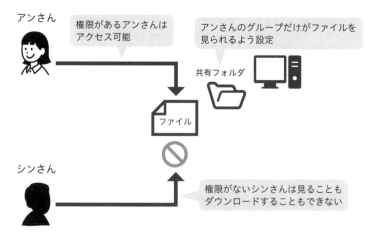

図 2-4-5：共有フォルダのアクセス制限

図 2-4-6：Dropbox の共有フォルダ設定画面

🔵 無線LANルーターのアクセス制限を設定しよう

　会社で無線LANを用意している場合、この接続に使うWi-Fiアクセスポイントは、他人に使われてしまうと回線を圧迫されたり、速度が遅くなったりと、余計な費用がかかることにつながります。また、そのWi-Fi用アクセスポイントを偽造されて事務所の窓のそばなどに置かれてしまうと、情報漏えいにつながります。

　こうした問題を避けるには、まずは会社が用意したアクセスポイントへWPA2などの強い暗号化を使用して接続する設定をしておきます。こうすることで、パスワードを打ち込まないとアクセスポイントへ接続できないようになります。

　ルーターの設定を変更するには、マニュアルや本体に貼り付けたシールなどに書いてある管理用のURLへ、ルーターに接続しているパソコンからアクセスすることでできるようになります。

　図2-4-7はSoftbankの光BBユニットが用意しているルーターの管理画面です。

　また、Wi-Fiルーターに特定の機器だけを接続させる方法としては、たとえばパソコンやスマホなどに固有の番号である「MACアドレス」を利用して、**図2-4-8**のように特定のMACアドレスを持ったデバイスだけを接続させるなどが考えられます。

　ただし、この設定を自分でやるのはそこそこ難しいので、ルーターについてよくわからない場合は、先に第3章の「社内ネットワークを守る製品」節を読んだうえで、ITサービス会社と相談してみましょう。また、現在利用している無線LANルーターにこの機能がない場合は、買い替えることも検討しましょう。

パスワード変えましたか

変えたぞ、今度はだな

言わなくて結構です

そうだった。あと、SNSで二要素認証も使うようにしてみたぞ

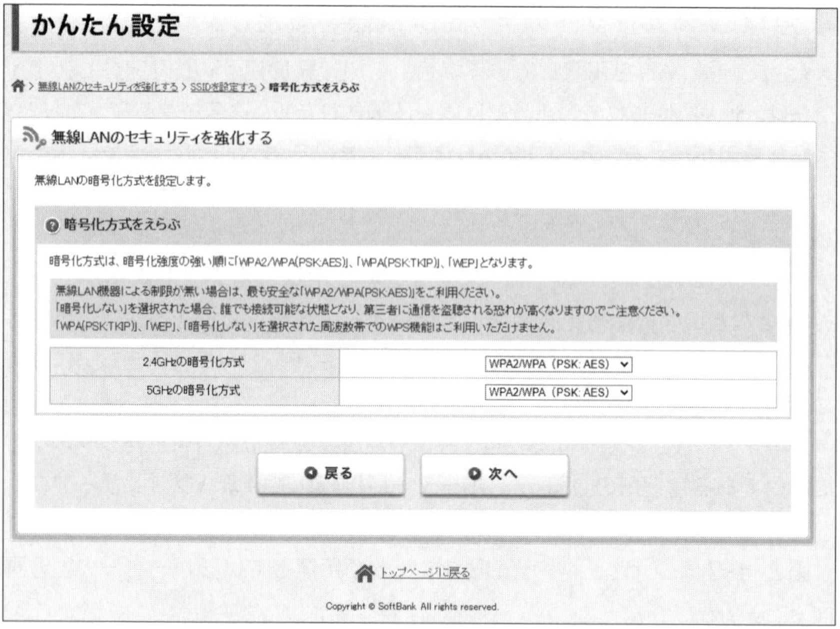

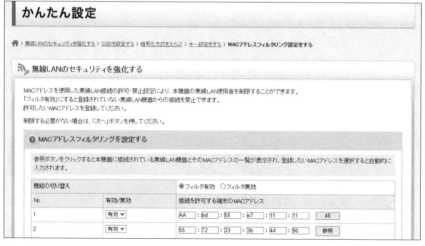

図 2-4-7：ルーターの暗号化制限についての設定画面

図 2-4-8：ルーターの MAC アドレス制限についての設定画面

― 脆弱性が残っている古い無線LANやIoT機器は買い換えよう ―

家庭や小さな会社で利用している無線LANルーターなどは、脆弱性が残ったまま利用されていることがかなりあります。こうしたルーターに業務用のパソコンを接続していると、攻撃者に乗っ取られて自由に操られる可能性もあります。

まさかそんなことがと思われるかもしれませんが、これは現実的な話です。2021年の調査で、実に約70%のWi-Fiルーターがハッキング可能という調査結果がありました※18。リモートから家庭内ネットワークにアクセスしてマルウェアを動かされたり、パスワードを盗まれたり、ホームネットワークに侵入されたりする可能性があるということです。

無線LANルーター以外のIoT製品も注意が必要です。Webカメラやプリンタなども脆弱性が残ったまま使われていることはよくあります。Wi-Fiルータではなく Webカメラがマルウェア感染の入り口になったり、盗撮されたりすることも考えられます。プリンタについても、通常は2日程度の出力履歴がプリンタ内のメモリに残っているので、この中に入っている会計データや新製品についての資料などといった機密情報が抜き取られることもあり得ます。

これらの機器はメーカーから対策方法がアナウンスされています。以下は無線LANルーターを作っている株式会社エレコムの製品に脆弱性があった際の警告ですが、こうした指示に従って対策したり、必要なら買い換えたりすることを検討しましょう。

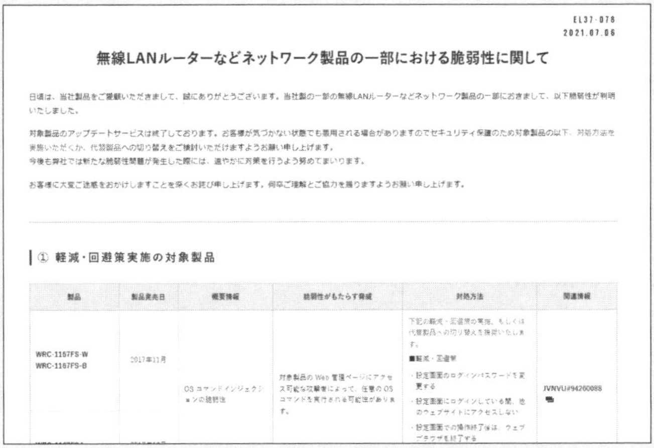

EL37-078
2021.07.06

無線LANルーターなどネットワーク製品の一部における脆弱性に関して

日頃は、当社製品をご愛顧いただきまして、誠にありがとうございます。当社製の一部の無線LANルーターなどネットワーク製品の一部におきまして、以下脆弱性が判明いたしました。

対象製品のアップデートサービスは終了しております。お客様が気づかない状態でも悪用される場合がありますのでセキュリティ保護のため対象製品の以下、対処方法を実施いただくか、代替製品への切り替えをご検討いただけますようお願い申し上げます。
今後も弊社では新たな脆弱性問題が発生した際には、速やかに対策を行うよう努めてまいります。

お客様に大変ご迷惑をおかけしますことを深くお詫び申し上げます。何卒ご理解とご協力を賜りますようお願い申し上げます。

① 軽減・回避策実施の対象製品

製品	製品発売日	概要情報	脆弱性がもたらす脅威	対処方法	関連情報
WRC-1167FS-W WRC-1167FS-B	2017年11月	OS コマンドインジェクションの脆弱性	対象製品の Web 管理ページにアクセス可能な攻撃者によって、任意の OS コマンドを実行される可能性があります。	下記の軽減・回避策の実施、もしくは代替製品への切り替えを推奨いたします。 ■軽減・回避策 ・設定画面のログインパスワードを変更する ・設定画面にログインしている間、他のウェブサイトにアクセスしない ・設定画面での操作終了後は、ウェブブラウザを終了する	JVNVU#94260088

図 2-4-9：メーカーの Web サイトに掲示されている製品の脆弱性についての警告文（株式会社エレコムのもの）

※18 Shaun Nichols, 「「無線LANルーターの7割は侵入可能」研究者が明らかにした“驚きの手口”」, https://techtarget.itmedia.co.jp/tt/news/2111/29/news09.html

緊急時の対応方法について考えておこう

とりあえず、今すぐできることは一通りやりましたね

物品の整理、データの整理、アップデートとアンチマルウェアの利用、パスワードと多要素認証の設定。あとは何があるだろう?

問題が起きたときの対応方法を考えないとですね

　この章の最後になりましたが、ここではセキュリティ問題に対して社員が普段からやっておくべきことと、緊急時の対応方法について説明します。といっても技術的なスキルを身に付けるのは大変なので、ここではまず、簡単にできることから紹介していきます。

どんなサイバー犯罪を受けそうか調べるには

　まずは情報セキュリティについては、そもそも何がよく起きるのか、起きたらどうなるかを理解するには、一定の情報や知識が要ります。このような悩みを解消するための第一歩としては、ガイドラインを読むことが挙げられます。

- **中小企業の情報セキュリティ対策ガイドライン (IPA)** [19]
　主に経営者の視点からやったほうがよいことや社内での対策方法がまとめてあります。現場のセキュリティ担当者にとっても役立ちます。チェックリストを使って、自分の会社がセキュリティ対策ができているかも調べられます。

---

[19]　IPA.「中小企業の情報セキュリティ対策ガイドライン」.
https://www.ipa.go.jp/security/keihatsu/sme/guideline/

- 小さな中小企業とNPO向け情報セキュリティハンドブック（内閣情報セキュリティセンター）[20]

　セキュリティ対策ガイドラインよりもさらに技術的、具体的なパターンが書いてあり、特にどのようなトラブルが起きることがあるのか、どう相談すればよいのかなどが細かく書いてあります。

　それから、セキュリティ関連の書籍やWebサイトも利用しましょう。ITはインターネットと一緒に発達してきたので、調べ方がわかっていれば書籍よりもWebサイトのほうが新しく役立つ情報が見られます。よく利用されるのはWikipediaですが、次のような専門サイトも読めるようになると良いでしょう。

- Security NEXT[21]
- @ITの「セキュリティ」タブ[22]
- ITmedia エンタープライズの「セキュリティ」タブ[23]

　セキュリティの製品・サービスを購入したいと思った場合は、以下のようなWebサイトが用意されています。

- JNSAソリューションガイド[24]

---

[20]　内閣情報セキュリティセンター.「小さな中小企業とNPO向け情報セキュリティハンドブック」. https://www.nisc.go.jp/security-site/blue_handbook/index.html

[21]　ニュースガイア株式会社.「Security NEXT」. http://www.security-next.com/

[22]　アイティメディア株式会社. @IT. https://atmarkit.itmedia.co.jp/

[23]　アイティメディア株式会社.「Security 情報とシステムを守る人たちへ」. https://www.itmedia.co.jp/enterprise/subtop/security/

[24]　日本ネットワークセキュリティ協会.「JNSAソリューションガイド」. https://www.jnsa.org/JNSASolutionGuide/IndexAction.do

一般犯罪については地域ごとの特徴がありますので、自治体や地域の警察による公報やメール情報配信サービスなどの注意喚起に目を通すようにします。企業による警察や自治体、防犯ボランティア団体などが行う防犯活動の支援として防犯CSR活動[25]などもありますので、どんなものがあるか見てみるのもよいでしょう。

本項で紹介したサイトは、今は中身まで熟読しなくてもかまいません。こうしたサイトがあり、セキュリティ情報を入手するために利用できるのだ、ということを理解しておきましょう。

サイバー犯罪に対する一次対応の方法を伝えておこう

次にサイバー犯罪を受けてしまったときのことを考えます。最近のマルウェアは巧妙にできているので、感染に気がつかないこともあります。ただし「なんとなくいつもと違うな」という兆候を感じられるケースもあります。たとえばOSの起動にやけに時間がかかる、見覚えのないウィンドウが出たり消えたりする、見覚えのないアプリがインストールされている、たびたびブルースクリーンなどの警告画面が出てデバイスが使えなくなる、などです。このような場合は、マルウェアや不正アクセスなどの攻撃を受けた可能性があります。

こういうことが起きた場合、メールでもチャットでも電話でもなんでもかまわないので、とにかくセキュリティ担当者へ連絡してもらうよう社員に周知しておきましょう。毎日何度もというのは困りますが、最初のうちはある程度は問い合わせが多くても仕方ないとセキュリティ担当者は割り切りましょう。すべてのセキュリティ対策は、何か問題がありそうなときに、情報を共有するところから始まります。

連絡を受け、サイバーセキュリティの問題かなと思ったら、各社員にはまずアップデートの確認や、アンチマルウェアのフルスキャン機能などを使って問題がないかを確認してもらうことになります。もし不正なアクセスがあったかもしれないと思った場合は、パソコン・スマホ本体や、利用しているアプリケーションのパスワードを変更します。あとで起きたことを調べられるように、自分で対応したことを記録しておきましょう。

※25 警察庁、「防犯CSR活動」、
https://www.npa.go.jp/bureau/safetylife/bouhan/CSR/index.html

　ヒグマ水産加工のアンさんは、サイバー問題が起きたときの手順として、**図2-5-1**のようなメモを作って配布しました。

　これ以上のことを各社員に求めるのはかなり難しいでしょうから、その先はセキュリティ担当者に相談し、一緒に対処することになります。

　セキュリティ担当者の側は、社員からそのような問題があると連絡を受けたら、社内のネットワークへ接続しないこと、USBメモリなどの機器を接続しないこと、新たにソフトウェアをインストールしないこと、などをその社員に伝えることになります。問題が大きくなりそうなら、経営者やITサービス企業に相談して解決方法を考えていきます。

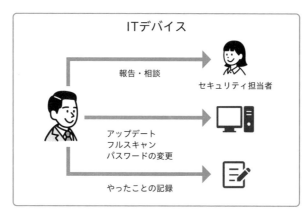

図 2-5-1：サイバー問題が起きたときの対応方法（例）

一般犯罪の対応と緊急連絡の方法をまとめておこう

　最後に一般犯罪ですが、こちらも何か起きたら必ず情報を共有してもらいます。物品の配置がいつもと違う、見慣れない人がいる、不審な電話がかかってきた、といった場合です。状況が深刻なときは、当然警察へも連絡してもらいます。対応方法はメモにまとめ、社員に配っておくとよいでしょう。具体的には次のようなことを書いておきます。

1.危険性を感じた場合はそこから離れる

　緊急の問題が起きたときは、まず速やかにその場を離れて警察に連絡します。暴行や脅迫などの問題を起こそうとする相手は、まず被害者をプライベートな空間へ誘導してきます。相手の事務所に行ったり、車に乗ったりしないよ

うに注意します。強引な誘導をされるようなら、持っていれば防犯ブザーを使ったり、大声を出して助けを求めたりすることも必要になるでしょう。これは仕事の内容によって異なるので、合った方法を書いておきましょう。例えばコンビニなどの小売店であれば万引きを見かけたときの対処方法を書いておくことなどが考えられます。

2.関係者、関係機関に電話などで連絡する

次は関係する組織へ連絡します。詐欺に引っかかったことに気がついた、何かが盗まれていることに気がついた、パソコンがウイルスに感染していることに気づいた、といった場合も同様です。それ以上に緊急の場合であればまず110番で警察に来てもらって指示に従いましょう。加えてセキュリティ担当者や契約している警備会社などへも連絡できるよう、連絡先を書いておきます。

3.関係者、関係機関に位置情報を開示する

もう1つ、連絡がうまくとれない場合も考え、位置情報を開示することをやっておくのもよいでしょう。コラム「私物を制限するべきか」(P.44) でも触れたとおり、最近のスマホには位置情報を示すアプリがあります。緊急の場合であれば、これをオンにします。また、緊急時の連絡手順を記録しておきます[26]。何のアプリをどう使うかを考えておきましょう。

 全社員向けの対応方法と連絡先は作ったが、もうちょっといろいろ考えなきゃいけない気がする

 今できることを一通り終えてから、あらためて考えましょう

 その間に何か起きたらどうする?

 ずっと何もしてなかったのに、いまさら気にしても……

※26　プライバシーの問題にもつながるため、普段から共有することはお勧めしません。

3

手間をかけずに
できる対策

本章では、製品やサービスを購入して行うセキュリティ
対策について解説します。サービス導入までの流れと、
会社の状況に合わせた製品選びのポイントをまとめまし
た。

はじめに

なんとなく、前より良くなった気がするな

最低限やっておくべきことはできましたよね。でも、マルウェア対策や不正アクセスは気をつけてもどうにもならないことがあるので、セキュリティ対策の製品やサービスも買っておきたいですね

第2章では、製品やサービスの購入をせずにできるセキュリティ対策について説明しました。しかし、より踏み込んだセキュリティ対策をするためには、アンチマルウェアやパスワード管理など、製品やサービスを購入することも検討していくべきです。

本章では、まずセキュリティ製品やサービスの買い方を説明します。それから各ジャンルの製品・サービスを紹介し、重要性、複雑性、価格の3つの観点で評価とコメントをしていきますので、どんな製品を買うべきかの参考にしてみてください。そして読み終えたら、是非、どれか1つを評価・利用して、実際の使い方を経験してみてください。

「そこまでやらなきゃならないの？」と思うかもしれませんが、セキュリティ製品やサービスを業者任せにしていると、時に危ない状況を見落としてしまうこともあります。筆者の経験した事例をいくつか挙げると、ある小売店の事務所で、なんの機能も動いていない、電源が入っているだけのセキュリティ製品に毎年数万円を払っているのを見かけたことがあります。また、ある法律事務所ではITに詳しい事務員がガチガチのセキュリティ対策をしていましたが、社長は脆弱性が残った古い私物のパソコンを利用しており、会社で買ったセキュリティ製品をインストールしてはいませんでした。

こういった冗談のようなケースが本当にあるので、何を買い、どう使うかは会社全体で真剣に考えましょう。

優れたITサービス会社であれば、どの製品が良いかや、インストール手順
や使い方まで丁寧に教えてくれます。しかし、これまでセキュリティ関連の製
品やサービスを購入したことがない場合、価格の具体的なイメージを把握して
いないことから、業者に正しい利用方法を教えてもらわないまま高額な金額で
契約させられ、支払い続けるというケースがありえますので、気をつけなくて
はいけません。

　たとえ相場通りであっても、実際に手を動かしてテストをしなければどう役
立てればよいのかわからない場合もありますし、その製品に付属する機能でで
きることの限界を理解しておくことで、将来への投資において何が必要かを考
えるのにも役立ちます。

3-1 セキュリティ製品・サービスを導入するまでの流れ

前にアンチマルウェアを買ったときは、キタ事務さんが設定まで全部やってくれた。また相談してみるか

お付き合いする会社が決まっていても、こっちもある程度は理解しておいたほうがいいとは思いますよ

たとえばどんなことだろう？

　まずはセキュリティ製品・サービスを購入する手順をざっと見てみましょう。一般的には、**図3-1-1**のような順序になります。

　最初にどんな製品やサービスが必要そうかを考えてみます[1]。それが見えてきたら、次に相談相手を探します。まず考えられる組織としては、地元の商工会議所などがあります。それから国や都道府県、地元の市区町村なども無料のIT相談[2]を受け付けています。セキュリティ対策の方法だけでなく、公的な助成金や補助金の申請方法を教えてもらえることもあります。取引のあるITサービス会社がない場合は、紹介してもらいましょう。地方であれば、事務機械や家電を扱っている会社が法人向けのITサービスをやっていることがあります。

　ITサービス会社と相談を始めたら、チラシやMicrosoft PowerPointの資料などで製品について説明してもらい、実際の利用デモを見せてもらいます。

---

[1]　候補が思いつかなければ、まずは統合管理できるアンチマルウェアかパスワード管理ツールのどちらかを考えてみましょう。すでにそれらを使っているなら、他に必要なものがあるかどうか、この章を読んで検討してみてください。

[2]　こうした組織は自治体ごとに異なりますが、たとえば以下があります。
東京商工会議所.「東商サイバーセキュリティコンソーシアム」.
https://www.tokyo-cci.or.jp/hajimete-it/security/

わからないことはこのタイミングでどんどん質問し、さらにその競合商品を自分でも調べてみましょう。製品はJNSAソリューションガイド[※3]などで調べられます。役立ちそうであれば、評価テストをやってみて、使えそうであれば購入を決定します。

　ここまでが基本的な流れですが、その中でいろいろと確認することがあります。これからもう少し細かく見てみましょう。

```
┌─────────────────────────────────────────┐
│  検討するセキュリティ製品・サービスを決める  │
└─────────────────────────────────────────┘
┌─────────────────────────────────────────┐
│  商工会議所などの支援機関と相談する          │
└─────────────────────────────────────────┘
┌─────────────────────────────────────────┐
│  ITサービス会社と相談する                   │
└─────────────────────────────────────────┘
┌─────────────────────────────────────────┐
│  製品・サービスを紹介してもらい、デモを見せてもらう │
└─────────────────────────────────────────┘
┌─────────────────────────────────────────┐
│  競合製品やサービスと比較する                │
└─────────────────────────────────────────┘
┌─────────────────────────────────────────┐
│  製品やサービスの評価テストを実施する         │
└─────────────────────────────────────────┘
┌─────────────────────────────────────────┐
│  該当する場合は補助金の交付手続きを行う       │
└─────────────────────────────────────────┘
┌─────────────────────────────────────────┐
│  製品・サービスを導入する                   │
└─────────────────────────────────────────┘
```

図 3-1-1：セキュリティ製品・サービスを購入するまでの流れ（例）

▼ セキュリティ製品・サービスの種類

　それではセキュリティ関連の製品・サービスにはどんな種類のものがあるのか、ざっと見ていきましょう。**図3-1-2**におおまかな分類をまとめました。

1. パソコンやサーバー、スマートフォンを保護するソフトウェア（エンドポイント系）

　3-2（P.94）で取り扱います。代表的なものとしては第2章でも触れたアンチマルウェアがあります。多機能のものはセキュリティソフトやエンドポイントプロテクションという名前で売っていることもあります。一般的には、コンピュータ内部に入り込んだマルウェアとして動作するファイルや、実行中のマ

※3　JNSA. 「JNSAソリューションガイド」.
https://www.jnsa.org/JNSASolutionGuide/IndexAction.do

ルウェアを探し出して停止します。会社用に販売されているものは、管理者が各パソコンやスマホを一括管理して、問題がないか確認できます。

　また、同様に重要なのが、Webサイトのサービスなどへログインする際のパスワードを一括管理するツールです。利用者はマスターパスワードを1つ覚えておけば、Webサイトやアプリケーションにログインするときにあらかじめ設定したパスワードを自動で入力してくれるので、長く難しいパスワードも使うことができます。

　そのほかにも多数のサービスがありますので、以降の項ではたいていの場合に必要になる製品・サービスと、特にテレワーク時代になってから重要になってきた製品・サービスの2つに分けて紹介していきます。

2. 社内ネットワークを保護するソフトウェア・ハードウェア（ネットワーク系）

　3-3（P.110）と3-4（P.118）で取り扱います。オフィスでIT機器を利用する会社の場合は、ネットワークの通信経路に設置するハードウェア製品がよく知られています。これはUTM（統合脅威管理）などと呼ばれます。次世代型ファイアウォール、またはセキュリティプロキシという場合もあります。

3. 一般犯罪から会社を保護する製品（物理セキュリティ系）

　3-5（P.128）で取り扱います。防犯カメラや金庫などの、一般犯罪を想定した防犯用品です。こうした製品・サービスとは個人用としても使われますが、会社で購入するときにはいくつか気をつけることがあります。

　次に、購入時の注意点を見てみましょう。

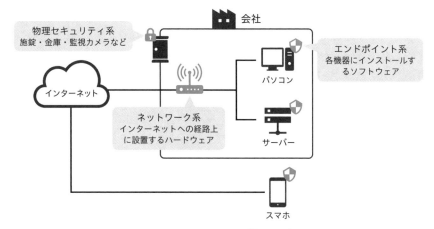

物理セキュリティ系
施錠・金庫・監視カメラなど

会社

エンドポイント系
各機器にインストールす
るソフトウェア

パソコン

インターネット

ネットワーク系
インターネットへの経路上
に設置するハードウェア

サーバー

スマホ

図 3-1-2：セキュリティ製品の分類

💬 製品・サービスを勧められたときに聞いておくこと

どんな種類のセキュリティ製品・サービスが必要なのか決まったら、次に、セキュリティ製品・サービスを選ぶときはどのような観点で見ていけばよいのかをまとめておきます。「こんな製品がありますよ」と紹介を受けたら、次の項目を確認しておきましょう。

セキュリティ製品・サービスが目的に合致しているか

当然ですが、その製品やサービスを何のために使うのかは必ず確認しておきます。マルウェア対策のためなのか、メールを安全に送受信するためか、Webサイトを閲覧するときにアクセス制限をかけるためか、などを確認しておきます。

使っているIT機器（特にパソコンやスマホ）に対応しているか

インストールが必要なセキュリティソフトウェアの場合は、Windows用なのかMac用なのか、それ以外のOSなのか、バージョンも含めて確認しましょう。たとえばデザイン会社などでは事務所のパソコンがMacしかない場合がありますので、セキュリティ製品がWindowsにしか対応していなければ、使えません。

クラウドから統合管理できる、企業向けの製品か

　会社向けか個人向けかで一番違うポイントがここになります。特にエンドポイント系の場合、セキュリティソフトをインストールしたパソコンやスマホ、その他の機器をまとめて管理（統合管理）できるかは確認しましょう。統合管理ができると、何か問題があったときにその機器を使っている人だけでなく管理者にも通知メールを送ることができ、各利用者が勝手にソフトウェアをアンインストールしたり設定を変えたりしても管理者の側から確認できます。

　また、その管理ツールがクラウド型であるかも重要です。かつては社内に管理用のサーバーを作る方法が主流でしたが、不便なので現在は減っています[4]。**図3-1-3**のようにクラウドから管理できることを確認しましょう。

　なお、製品によっては統合管理が必要ない場合もありますので、詳しくはITサービス会社に確認してみてください。

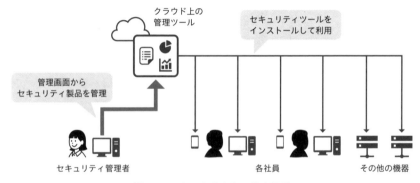

図 3-1-3：クラウドからの統合管理

競合製品やサービスにはどのようなものがあるのか、それらの製品とは何が違うのか

　どのセキュリティ製品・サービスにもそれぞれのコンセプトがあり、どの部分が強みなのかは異なります。買おうとしている製品・サービスが自分の会社に合っているかを確認しておきましょう。

---

[4]　インターネットや社内ネットワークに接続できないコンピュータの場合、こうした管理をすることはできませんので、統合管理をあきらめる場合もあり得ます。

採用事例はどの程度あるのか

　国内未導入の製品を勧められることはめったにないと思いますが、一応注意しておきましょう。新製品・新サービスはバグが多いこともあるので、特に小さな会社では手を出さないほうが無難です。大企業向けの事例しかなく、小さな会社で使ったことがない、という製品やサービスにも注意が必要です。

価格はいくらか

　最後に値段です。重要性や相場に合ったものか、しっかり相談しておきましょう。多機能だと値段は上がりますが、複数製品を買わなくてもよくなります。2年以上利用する契約にしたり、パソコンと一緒に買ったりすれば、安くなることもあります。

評価テストのときにチェックすること

　どのセキュリティ製品・サービスを検討するかを決めたら、次は評価テストに入ります。その際に意識したいポイントについて解説します。セキュリティを強化するという意味では役に立つものでも、実際に会社で使うのは難しいということもあるので、確認しておくべき部分をしっかり確認しておきましょう。

　法人向けの製品・サービスはたいていの場合評価テストに2週間～1か月程度の期間をもらえますし、そうでない場合は無料版を用意しているものもあります。下記の項目をチェックしながら検討してみてください。インストールしたり機器を設置したりするのが面倒かもしれませんが、ここが山だと思って乗り切りましょう。

ほかの仕事に問題が出てこないか

　たとえばパソコンにアンチマルウェアをインストールしたら、Microsoft Excelやブラウザがまともに動かなくなった、といった問題です。最近はずいぶんマシにはなりましたが、ソフトウェアには相性がありますので、まったく使えなかったり、ほかのソフトウェアに影響が出たりする可能性はゼロではありません。ネットワークやコンピュータが遅くなるなども、実は珍しいことではありません。仕事ができないのでは話になりませんので、選択肢から外しましょう。

管理ツールを自分で使いこなせるか

管理用のツールがある製品が良いとお伝えしましたが、その管理機能が複雑で、何が起きているのかわからないと使いこなすことはできません。新しい製品や外資系の製品は、画面が乱雑だったり日本語の翻訳が不十分だったりする場合もあります。普段遣いに耐えられる、整然とした、あっさりとした画面が用意されていることを確認しましょう。また、重要な問題が起きたときに自分宛にメールが飛ぶなどの設定をできるかどうかも確認しておきます。それが難しいのであれば、ITサービス会社に運用まで任せるという方法もあります。予算内に収まりそうであれば、考えてみましょう。

実際のセキュリティ問題が起きたときを考えているか

セキュリティ製品は、頻繁にアラート（警告）を出すものもあれば、普段は何も表示しないものもあります。頻繁にアラートを出す製品の場合は、そのアラートの何が重要かを自分で判断できることが重要です。アラートの意味を理解するのが難しいのであれば、ITサービス企業にサポートをお願いすることも考えましょう。

📝 契約を確認する

製品やサービスを買うときには契約に関するいくつかの基礎的な知識が必要になります。たとえば**表3-1-1**のような表はどこかで見たことがあるかと思います。

セキュリティの製品やサービスを購入するときも、基本的にはこのような契約を取り交わします。また、サポートがどのようになっているかも確認する必要があります。これらは家電のサポートサービスとあまり変わらず、代理店と新たに契約書を取り交わす必要はないことがほとんどです。まずは問い合わせ先を確認しておきましょう。

表3-1-1のうち、SLA（サービスレベル合意）というのは聞き慣れない言葉かもしれませんが、要は購入したクラウドサービスのメンテナンスが年間あたりどのくらいの時間入る可能性があるのか、万が一使えなくなったらどんなことを保証してくれるのか、サポートサービスは平日の対応なのか、それとも24時間いつでも対応してくれるのか、などの取り決めです。

製品・サービスの管理を代行してもらったり、何か問題があったときに対応してもらったりするための人手を定期的に、または条件付きで貸してもらえる

場合は、その契約も確認します[5]。

契約の種類	文書の目的	決めておく主なルール
基本契約	自分の会社とITサービス会社の権利や義務などを書いた契約書のベースを決める 今後の個別契約で共通しそうな内容を決める	・当事者が誰か（普通は自社とITサービス企業） ・当事者の責任はなにか ・お互いに得た機密を他者へ伝えるときの条件（機密保持契約）はなにか ・利害の衝突が起きたときの損害賠償や免責はどうなっているか ・争いごとが起きたときはどうやって解決するか
個別契約	製品やサービスごとに、内容や提供方法を決める 必要があれば、基本契約の例外を書いておく	・製品・サービスの内容 ・製品・サービスの提供方法 ・製品・サービスの料金 ・関係者の役割と責任の範囲
SLA	製品やサービスの品質がどの程度かをきめる（たいていは稼働時間やサポートの対応時間など）	・対象サービスとその品質 ・サービスの監視や計測、報告の方法 ・打合せの方法 ・補償などの取り決め

表 3-1-1：セキュリティ製品・サービスにおける契約の種類と内容

うーん、契約は手間がかかるからやっぱり面倒だな

自治体へ一度相談してみましょうか。なにか新しいアドバイスもらえるかもしれませんし。評価テストもやったことないから、どれか製品を決めてやってみましょう

どうせ無料だし、思いっきり高い製品をテストしてみるか

いやそれは……洋服の試着じゃないんですから

※5　通常は労働者派遣／準委任／請負のどれかになりますが、セキュリティの範囲を超えるので、本書では扱いません。

3-2 パソコン／スマホ／サーバーを守る製品・サービス

自治体のセミナーでいろいろ製品やサービスのパンフレットもらってきました。たくさんありますね

少しずつ見ていこう。最初はパソコンやスマホを保護するためのサービス、か

アンチマルウェア以外にもいろいろありますね

　ここからは各分野にどのようなセキュリティ製品があり、どのように使うのかを説明していきます。まずはパソコンやスマートフォン、サーバーなどで使うセキュリティ製品です。通信回線やネットワークの末端（エンドポイント）に接続されているものに使うことから、これらはエンドポイントセキュリティ製品と呼ばれます。特に小さな企業では、このエンドポイントへインストールするセキュリティ製品が最も重要と言われています。

　こうしたインストールタイプの製品は、かつてはアンチマルウェアの機能だけを持っているものがほとんどでした。それが現在では、他の機能も次々に追加されるようになってきました。

　このようなエンドポイントセキュリティ製品は、個人向けのものはパソコンを扱う量販店に売っていることもあってなじみがあるかもしれませんが、会社向け（法人向け）については、少しイメージが湧かないかもしれません。

　会社向けのエンドポイント用セキュリティツールの良いところは、セキュリティ機能を管理者がひとまとめに監視できることです。たとえばアンチマルウェア機能であれば、社員の誰かがウイルスに感染すると、セキュリティ担当者は「あ、この人はマルウェアに感染しているぞ」と気づけるわけです。

　図3-2-1はエフセキュア社のエンドポイント保護ツールですが、この管理

ツールからは各ユーザーのアンチマルウェアなどのさまざまなセキュリティ機能をまとめて管理しています。ここでは社員が利用している各パソコンがマルウェアに感染しているかどうか、記録を確認することができます。

　会社向けのエンドポイント用セキュリティ製品は、だいたい**図3-2-2**のような手順で使えるようになっています。

　次のページからは、このような管理機能のあるエンドポイントセキュリティツールについて説明していきます。実際に会社で何かツールを買うときは、それらの機能がまとめて入っていることが多いので、その点は注意してください。

　なお、本書では社内のシングルサインオンや入退出管理と機器利用の連携などを扱う認証系の製品については説明を省略します。規模の小さな会社ではあまり使うケースが多くないためです。

図 3-2-1：エンドポイント系セキュリティ製品（例）

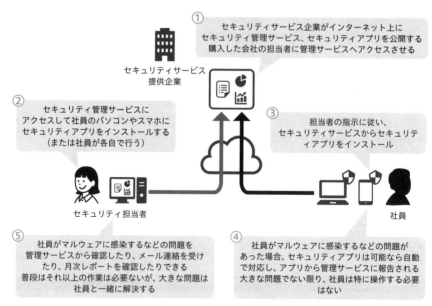

① セキュリティサービス企業がインターネット上に
セキュリティ管理サービス、セキュリティアプリを公開する
購入した会社の担当者に管理サービスへアクセスさせる

セキュリティサービス
提供企業

② セキュリティ管理サービスに
アクセスして社員のパソコンやスマホに
セキュリティアプリをインストールする
（または社員が各自で行う）

③ 担当者の指示に従い、
セキュリティサービスからセキュリテ
ィアプリをインストール

セキュリティ担当者

社員

⑤ 社員がマルウェアに感染するなどの問題を
管理サービスから確認したり、メール連絡を受け
たり、月次レポートを確認したりできる
普段はそれ以上の作業は必要ないが、大きな問題は
社員と一緒に解決する

④ 社員がマルウェアに感染するなどの問題が
あった場合、セキュリティアプリは可能なら自動
で対応し、アプリから管理サービスに報告される
大きな問題でない限り、社員は特に操作する必要
はない

図 3-2-2：エンドポイント系セキュリティ製品の利用方法（例）

■ アンチマルウェア

本書でたびたび出てくる代表的なセキュリティツールで、マルウェアを探し
出して停止し、自動で削除したり、使えないよう隔離したりするソフトウェア
です。基本的には次の2つの方法でマルウェアを見つけます。

定義ファイルマッチングを使う方法

これまでに発見されたマルウェアの特徴をリストにした定義ファイル（パ
ターンファイルやシグネチャなどとも呼ばれる）を用意して、ファイルがマル
ウェアかどうかを調べます。定義ファイルはたいていの場合、インターネット
などを通じてメーカーから最新のものが送られ、自動的に更新できるように
なっています。

振る舞い検知を使う方法

こちらは動作検知やヒューリスティック検知、ホスト型侵入検知とも呼ばれ
る方法で、普通ならありえないようなコンピュータの動作を見つけます。まと

もなファイルを間違ってマルウェアだと判断することもありますので、例外扱いにする手順を確認しておく必要があります。

　1つ注意点として、アンチマルウェアは、ファイルを利用しようとすると即座に動作するリアルタイムスキャンがありますが、この機能を持っているソフトウェアは、複数を同時に使ってはいけません。両方の製品がファイルへアクセスしようとして、最悪の場合はWindowsなどのOSを壊してしまうことがあります。デバイス1台につき、利用するのは1製品までにしましょう。

　スマートフォンの場合ですが、iPhoneやAndroidだと、マルウェアのファイル侵入を防ぐだけでなく、有害なアプリへの対策もできるものがあり、役立ちます。

　さらに最近のアンチマルウェアには、Webセキュリティという機能がついているものもあります。これは、アクセスすると勝手にマルウェアをダウンロードするサイトに接続するのを防いでくれるため、特段の事情がなければ利用すべきです[6]。

重要性	**最優先**：無償ソフトは機能が充実していないことが多いので非推奨
複雑性	**低**：担当者だけで運用できる場合が多い
相場価格	1年1デバイスあたり約3,000円～5,000円。ただし付属しているその他の機能を利用すると価格が上がることもある。複数年契約などの条件で安くなる場合もある
代表製品[7]	ESET Endpoint Protection Standard、WithSecure Elements Endpoint Protection、Avast Business、マカフィー Endpoint Security、Sophos Central Endpoint Security、他多数

🛡 デバイス管理（MDM）

　会社のセキュリティ全体を考えるときに重要なのは、まず社内のどこにどのようなIT機器があって、どう使われているかを把握することです。このような管理のことを構成管理と言います。会社から社員に支給しているパソコンや

※6　特段の事情の例としては、Webブラウザの動作が重くなりすぎて利用に支障が出るなどがあります。これは製品によってはしばしば報告される問題で、機能を無効化するか、製品の利用自体を避けるしかない場合もあります。

※7　ここでは小さな会社で使いやすい製品・サービスを例示しています。アンチマルウェアの性能を比較したい場合は、英語のサイトではありますが、以下のURLに掲載されているものであれば、たいていの場合は安心して利用できます。
AV-TEST.「AV-TEST」. https://www.av-test.org/en/

スマホなどの端末を誰に渡しているのか、その機種は何か、どんなスペックのものを渡しているのか、といった状況が不明確だとセキュリティ対策になりませんので、構成管理は重要です。

実際に構成管理をどう行うかですが、まずはデバイス管理ツールが標準装備されているアンチマルウェア製品を使うことが考えられます。アンチマルウェアの集中管理ができていれば、それでデバイス管理も一緒にできます。

ただしデバイスを一覧化するだけではなく、以下のようなこともできるとより安全になります。

- **位置情報の表示：GPSの機能を使って、どこに機器があるかを調べる**
- **ロック：失くしたり盗難にあったりした機器をロックして、パスワードが無ければ使えないようにする（パスワードを変更する機能がついている場合もある）**
- **ワイプ：失くしたり盗難にあったりした機器を、初期設定の状態に戻す**

こうした機能はモバイル機器管理（MDM）という名前で販売されています。

どこに何があるのかを把握するのが簡単な組織では必要ありませんが、多数のパソコンやスマホを利用するパソコン教室やレンタルショップなどでは利用を検討すべきかもしれません。

重要性	**高**：IT資産管理も一緒にできるため、IT資産が多い会社では重要。現在の状況を確認するために役立てられる
複雑性	**中**：自力で運用することは不可能ではないので、ITサービス会社に使い方を教えてもらいながら使うことは可能
相場価格	**低**：機能により価格は異なるが、1年1台当たり3,000円以上
代表製品	単独製品としては、MobiControl、CLOMO、Optimal Biz、LanScope An、FENCE-Mobile RemoteManagerなど。また、携帯キャリアなどが提供している場合もある

🛡 脆弱性管理またはパッチ管理

第2章（P.52）でも解説したとおり、サイバー攻撃は多くの場合、まずは攻撃者がマルウェアを添付したメールを送りつけて開封させたり、メールの中にあるリンク（URL）をクリックさせたりするところから始まります。被害者がそれらに引っかかると、端末の問題点を突くような攻撃（エクスプロイト）を

仕掛けられ、そこから本体のマルウェアをダウンロードさせられて感染してしまうのです。

このような問題点は一般的には脆弱性と呼ばれます。WindowsなどのOSやアプリケーションのアップデートがされていないと、この脆弱性が原因で攻撃を受けやすくなります。

エクスプロイトのイメージとしては、攻撃者が建物を壊すときに直接爆弾を投げつけるのではなく、まずは壊れかけのドアをこじ開け、そこから屋内へ爆弾を投げ込むような感じでしょうか。これが良い例えになっているかはわかりませんが、こうしたエクスプロイトとマルウェア送付の2段階での攻撃がよく使われています。

エクスプロイトによってマルウェアがダウンロードさせられる典型的なパターンを**図3-2-3**に示しました。

もちろんマルウェアをダウンロードしたときにアンチマルウェアが見つけてくれれば被害は抑えられますが、必ず検出できるわけではありません。脆弱性を突いて何度も違うマルウェアを投げ込まれたら、いずれは感染してしまうこともあります。

つまり脆弱性をつぶすほうがマルウェア対策より重要なのです。セキュリティの非営利団体であるCenter for Internet Securityはあらゆる規模の組織が使える情報セキュリティ対策のガイドラインであるCIS Controlsに18項目を挙げていますが、その中で一番重要なのが会社の資産を管理することだとしています[8]。

この具体的な対策方法が、アップデートやパッチを適用して脆弱性をつぶすことになります。その対策の前に、どのような脆弱性があるのかを調べる必要があります。調べた上で対策を行う方法には次のような種類があります。

1. **実際にコンサルタントが手作業で脆弱性を調べてくれるコンサルティングサービス**[9]
2. **脆弱性を検出してくれる専用の自動ツール**

※8 Center for Internet Security.「CIS Critical Security Controls Version 8」.
　　 https://www.cisecurity.org/controls/v8

※9 脆弱性の診断や管理というと、会社で運営しているWebサイトの問題を調べることを指す場合があります。
　　 本書ではWebサイトのセキュリティについての話はしませんので、いったん忘れてください。ここで解
　　 説しているのは社内のパソコン／スマホ／サーバー／ネットワーク機器などに問題があるかを調べるも
　　 のです。

3

手間をかけずにできる対策

3. 脆弱性を解消するためのアップデートやパッチ適用ができているかを調べてくれる自動ツール
4. 実際にアップデートやパッチを強制的に実施してくれる自動ツール

　この中で、一番効果的なのが1. の人間による手作業の診断です。残念ながら現在の技術では自動化ツールだけであらゆる脆弱性を調べることはできませんので、まだまだ人間が調べたほうが確実です。それに人間だと、ソフトウェアの設計やプログラムミスで生まれた脆弱性以外にも、設定ミスや不適切な利用についても指摘してくれます。しかし調べてもらうのはかなりの費用がかかります。簡単なアドバイスだとしても、1回で50万円を下回ることはないでしょう。

　ツールの利用はこれに比べると簡単です。2. のようなセキュリティツールは多数あり、多くの製品に対応した最新の情報を調べてくれます。代表的な製品としてはOpenVASやVulsがあり、これは無償です。ただし、これらのツールを使う場合には脆弱性の優先付けも解決も自分で行う必要があり、小さな組織で使いこなすのは難しいかと思われます。

　そこで現実的には、アンチマルウェアに3. か4. の機能が付属している場合に、それを使うことになると思います。

　これらの機能は補助的なものですから、1. や2. に比べると十分とは言い切れません。しかし現状として、小さな会社ではアップデートやパッチ管理を徹底する方法はなかなかないので、3. や4. を使うことで、少しでも安全性を高めていくことが重要です。

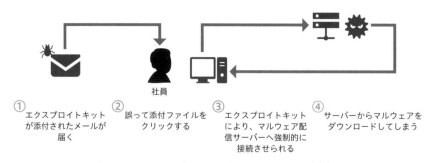

① エクスプロイトキットが添付されたメールが届く　② 誤って添付ファイルをクリックする　③ エクスプロイトキットにより、マルウェア配信サーバーへ強制的に接続させられる　④ サーバーからマルウェアをダウンロードしてしまう

図 3-2-3：エクスプロイトによるマルウェアの感染例

重要性	**中**：セキュリティ対策の手段としては効果的だが、あまり普及していない。今後広まっていくと考えられる
複雑性	**高**：脆弱性に対する一定の知識が必要であり、ITサービス会社と協力して実施することが望ましい
相場価格	**中（単機能ツールの場合）**：単機能ツールを利用する場合、小さな会社が運用するのは難しいため、他社に依頼して診断・報告してもらう。その場合の相場は会社によるが、最低でも1回あたり50万円以上を検討する必要がある。アンチマルウェアの付属機能を利用する場合は、その製品の価格に準じる
代表製品	単独製品としては、OpenVAS（無償）、Vuls（無償）、Rapid7、Qualys、Tenable.ioなど。アンチマルウェアの付属機能については製品ごとに動作が異なるので、ITサービス会社に相談すること

◥ エンドポイント侵入検知／対応（EDR）

EDR（Endpoint Detection and Response）は、直訳すると「端末への侵入検知と応答」という意味です。このツールはアンチマルウェアと同様に、パソコンやスマホにソフトウェアをインストールして使用します。それらのデバイスに何か異常が起きたときにはアラートが表示される仕組みになっています。

EDRの目的は、アンチマルウェアのようにウイルスを見つけたりすることではなく、マルウェアを検出できずにパソコンなどが乗っ取られてしまったときに、乗っ取った攻撃者が実行している不審な行為や証拠を見つけることです。

EDRという言葉は2013年にガートナーという会社が作った、比較的新しい考え方です。攻撃が巧妙になることで既存のアンチマルウェアをすり抜けるケースが増えてきたため、万が一新たに侵入された場合、攻撃者の挙動を見つけて対策を打つ必要が出てきました。ただし、EDRを使うには攻撃者がどのように行動するかを詳しく理解している必要があり、情報セキュリティの高いスキルが必要になります。さらに使い始めは通常の業務と攻撃者の行動の区別がつかず、正常な業務を「攻撃」と判断して警告を出してきたりするので、EDRに「これは通常業務」「これは攻撃」と判断させるような調整を加えることが必要なときもあります。

このツールだけを購入して自分たちだけで使うのはかなり難しいので、**図3-2-4**のようにセキュリティの専門企業に監視を任せる方法[10]がよいでしょう。

※**10** こうした運用を受け持ってくれる会社はMSS（マネージドセキュリティサービス）などと呼ばれます。

ただしそうなると、今度はかなり高額になります。取引先などと相談の上、商品の供給ライン全般への攻撃 (サプライチェーン攻撃) を対策するといった理由があれば、複数社で共同で購入するのも1つの手段です。

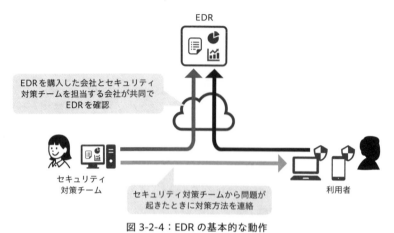

図 3-2-4：EDR の基本的な動作

重要性	**中**：セキュリティ対策の手段としては極めて効果的だが、小さな会社向けにはまだ普及していない。今後徐々に広まっていくことが考えられる
複雑性	**高**：セキュリティとハッキング技術に関する豊富な知識が必要であり、ITサービス会社と協力して運用するのがよい
相場価格	**中**：単独製品としてもアンチマルウェアの追加機能としても、1年1台あたり5,000円以上だが、企業によってはコストに見合う価格と言える
代表製品	WithSecure Elements EDR、Sophos Intercept X、VMware Carbon Black Cloud Endpoint Standardなどアンチマルウェアと一体型のツールが販売されている。単独製品としては、Cybereason社、CrowdStrike社などが中小企業向けのEDRを販売している

Web／アプリケーション／デバイスの制御（コントロール）

パソコンやスマホを使う場合、業務では使うべきでない使い方があります。会社にもよりますが、ギャンブルサイトやアダルトサイトを閲覧したり、そのサイトに関係するアプリを使ったりすることはたいていの会社では不適切でしょう。見る人に後ろめたさを与えるようなWebサイトにはマルウェアが潜んでいることもありますし、仕事の能率も落ちます。

コントロール製品は、これらの問題を解決します。

Web コントロールはアダルト、ギャンブル、反社会組織など特定ジャンルのWebサイトへ接続できなくなる機能です。**アプリケーションコントロール**は特定ジャンルのアプリケーションが起動しないようブロックします。たとえばゲームやSNS、株取引など、業務に関係のないソフトを禁止できます。

また、マルウェアの感染経路として、Webやメール以外に、USBメモリやSDカードから侵入することもあります。それらのデバイスで重要なデータを盗んでしまうというケースも考えられます。**デバイスコントロール**と呼ばれる製品は、そのような機器の接続を禁止できます。

これらのWeb／アプリケーションコントロールツールは専用製品もありますが、アンチマルウェアに付属しているものもありますので、それらも含めて検討してみましょう。

また、スマホであれパソコンであれ、こうしたツールを使ってもらう場合、私物の場合はかならず社員の合意が必要です。プライベートでの使用にかかわるため、納得してもらってから導入しましょう。

重要性	**低**：利用を検討する意味はある
複雑性	**中**：ポリシーが適切か、正しく機能するかなどでテストをしておく必要がある。利用者（社員）からのクレームが上がった場合は対応する必要がある
相場価格	ここではアンチマルウェアに付属する製品の利用を推奨するため、単機能ツールの参考価格はなし。ITサービス会社に問い合わせる
代表製品	アンチマルウェアに機能が付属している場合が多いので、単機能ツールとしては特になし。設定方法はどれも対象が異なるので、設定方法を確認しておくこと

🔻 暗号化製品

データが盗まれてしまうパターンはいくつかあり、ハッキングによって社内ネットワークに入り込まれるという場合もありますが、社外でパソコンを紛失してしまった場合のことも考えたほうがよいでしょう。

そのパソコンを誰かが拾い、なんとなく立ち上げてみたら、他人の口座番号やクレジットカード番号が手に入った、ということは一昔前は珍しくありませんでした。また、共有フォルダに保存しておいたファイルを別のパソコンから盗まれてしまい、流出するというケースも考えられます。

　このような犯行を防ぐ手段が暗号化です。一定のルールに従ってファイルなどを一時的に書き換え、データを他人には読めないようにするのです。暗号化されたデータは、暗号化される前の状態（平文）に戻せなければ使えないので、データを復元する作業（復号）もできるようになっている必要があります。

　データを暗号化する製品・サービスとしては、デバイス暗号化とファイル暗号化があります。

デバイス暗号化

　第2章でも説明した、ハードディスク（正確にはドライブ）を暗号化するツールです。パソコンを起動したときにOSのログインよりも前にパスワードを打ちこんだりカードを挿入したりすることで使えるようになります。万が一パソコンからハードディスクを抜き取られても、パスワードやスマートカード[11]などがなければデータを読めなくなります。

　デバイス暗号化はWindowsでは10 Professional以上であればBitLocker[12]、MacではFileVaultが追加料金なしで使えます。ただしパスワードを忘れると利用できなくなりますので、ファイルなどに鍵を保管しておくことが必要になります。そこで暗号化製品を使うことで、管理ツールからこの鍵を管理し、コンピュータの暗号化を確認できるようになります。

ファイル暗号化

　もう1つの方法として、ファイルを暗号化しておくことも有効です。やり方としては、ZIPファイルを作ってパスワードを付けておく方法もありますが、これは利用するたびにパスワードが必要になるので不便です。

　そこでファイルを暗号化する際に透過的に利用できる製品が作られています。これを使えばパスワードなしで、自分のパソコンでは見られるファイルが、他のパソコンから見られないようにできます。

　ただし利用している製品や、設定によってファイルの動きは様々です。たとえば自分のパソコンからメールで送ったりしたときにファイルの暗号化が解ける製品もあれば、そうでない製品もあります。

※11　プラスチック製カードに薄い半導体集積回路（ICチップ）を埋め込み、データの記録、処理、外部との入出力などができるようになっているもののことです。

※12　小さな会社ではWindows 10 Homeなどを使っている場合もあると思いますが、このOSではBitLockerは利用できません。必要であればOSのバージョンアップも検討しましょう。

これらの暗号化ツールの共通の問題として、管理ツールに何らかの問題が発生するとデバイスやファイルの暗号化を元に戻せなくなります。たいていは解決方法がありますが、鍵として使うファイルをUSBメモリに保管しておくなど、ひと手間が必要です。

暗号化製品は設定や動作をきちんと把握するのが難しいため、小さな組織では比較的優先度は低いです。ただし、重要なデータを大量かつ頻繁に扱う場合はITサービス会社と相談して導入を検討しましょう。

重要性	**低**：アンチマルウェアやEDRが正しく機能せず、データが奪われたときの最後の手段としては有効。ランサムウェアやマイニングマルウェアに対しては効果がない
複雑性	**中**：単独での利用は大変なので、ITサービス会社に教えてもらいながら使うと良い
相場価格	**中**：機能により価格は異なるが、1年1台あたり1万円以上
代表製品	単独製品としては、秘文、FinalCode、McAfee Complete Data Protection、TrueCryptなど。アンチマルウェアの付属製品として利用できる場合もある

■ ロックダウン／ホワイトリスティング

これは主にアンチマルウェアが入れられないパソコンやサーバーなどを保護するツールです。これを有効にすると、特定のアプリケーションだけが動作し（ホワイトリスティング）、それ以外の一切のプログラムが動かなくなります[13]（ロックダウン）。これにより、仮にマルウェアが侵入してもパソコンやサーバーの内部で動作する確率が下がります。アプリケーションのアップデートや新しいソフトウェアのインストールを行いたい場合には、この機能を無効化してから再設定する必要があります。

ロックダウン／ホワイトリスティングツールはそれほど一般的ではなく、特殊な事情がない限りはあまり縁がないツールです。ただし、限定的な用途で利用しているサーバーや、特殊なアプリケーションが稼働していて捨てられない古いサーバーなどでは効果的な場合があります。また、このタイプの製品はスマホ向けには普及していないので、標準で搭載されている機能制限を活用する

---

[13] ホワイトリスティングとは「特定のアプリケーションだけを動作させる」という意味で、ロックダウンとは「不要なプログラムを動作させない」という意味ですので、2つの単語は同じことを違う観点から説明しています。なお、OSのアップデートなどは例外的に許可するように設定されている製品もあります。

ことを考えましょう。

　アプリケーションの動作を制限するには、ほかにアプリケーションコントロール機能を使うという方法もあります。前述の「Web／アプリケーション／デバイスの制御（コントロール）」項も参照してみてください。

図 3-2-5：アンチマルウェアとロックダウン／ホワイトリスティングとの比較

重要性	**場合による**：アンチマルウェアが入れられないパソコン・サーバーが必要なら役立つ
複雑性	**中**：ツールを使うためにパソコン・サーバーの使い方を調べて設定する必要がある
相場価格	価格は公開されない場合が多いため、ITサービス会社に問い合わせとなる。単機能製品を購入する場合は、1年あたり1台1万円以上で検討する
代表製品	Trend Micro Safe Lock、HEAT Application Control、AppGuardなど

🛡 その他のエンドポイント向け製品・サービス

　最後に、今までの分類に含まれないエンドポイント関係の製品・サービスにはどのようなものがあるか見てみましょう。

バックアップツール

　これは分類としてはセキュリティ製品に含まれないことも多いのですが、セキュリティと関係が深いので紹介します。バックアップのためにはまずはクラウドストレージを使うのが簡単ですが、バックアップをとっておけばファイルが変更された状態で同期されるのを防いだり、以前のデータを使ったりすることもできるので、クラウドの同期とは別にバックアップファイルを取得し、手

元に置いておくのがより安全です。Windowsであればタスクスケジューラなどで決まった時間にバックアップを取得することもできるのですが、パソコンを変えるたびに設定が必要です。そこで、ファイルを定期的に一括取得するツールが販売されています。

サイバー保険

　サイバー攻撃の被害を受けた場合に備えて、保険に入るという方法もあります。これは新しいタイプの損害保険商品で、保険会社だけでなく、IT企業が提供している場合もあります。経済産業省がこうした保険の活用を積極的に進めており、筆者の取引先企業でも、サイバー保険への加入は珍しいことではなくなってきました。補償範囲は様々ですが、おおむね以下のような補填を認めているものが多いようです。

- **事故が起きたときの調査費用の負担**
- **損害賠償の費用負担**
- **顧客のシステムがダウンしてしまったときの営業継続費用の負担**
- **再発防止のためのアドバイスや、ブランドの評判が落ちないための対応による費用の負担**

　技術的な解決方法ではありませんが、検討する価値はあります。

ログ保管ツール

　セキュリティの問題が起きたとき、まず確認するべきなのがログです。特にファイルサーバーへのアクセスログは、情報漏えい事故などの証拠を残しており、重要です。こうしたログを効率よく管理して不正の痕跡を見つけ出すため、セキュリティサービスを購入することも選択肢の1つです。

ホスト型ファイアウォール

　主にパソコンを不正な通信から防ぐためのツールです。単にファイアウォールという場合は、インターネットと社内ネットワーク（LAN）の境界に設置するものですが、こちらはコンピュータ内で利用するソフトウェアのことを指します。

　パソコンにはファイアウォールが標準で用意されており、特にWindowsは

初期設定ですでにオンになっています。一方、スマホを対象としたものは標準では用意されていません。複数のホスト型ファイアウォールを管理者が一元的に管理できる製品もありますが、広く利用されてはいませんので、特におすすめはしません。アンチマルウェアの付属製品として用意されているものがあれば、利用を検討してもよいでしょう。

いきなりたくさん出てきてめまいがしてきた。結局、うちに入れるべきなのは何なんだ

アンチマルウェアはもう使ってるから、新たに買わなくてよさそうですね。コントロール機能や脆弱性管理も、アンチマルウェアに付属してるものを使えばいいみたいだから、有効化してみようと思います

いやまてよ。工場で使ってる機械を操作するコンピュータがWindows Server 2013で動いてるんだ。そのOSでしか動かないソフトがあって、これは今のところそのまま使わないとならないんだ。アップデートされるとまずいんだ。だからインターネットを切って使ってるんだが……ホワイトリスティングツールを買っておくかな

たしかにそれは良い候補ですね！

― 無償ソフトの利点と欠点 ―

法人向けのセキュリティ製品・サービスはたいていの場合有償ですが、価格が高いと感じる場合は、似たような機能がある**無償ソフト**[14]を利用する方法もあります。

たとえばアンチマルウェアに限定すると、最近のWindowsには最初から「Windows Defender」と「Windowsファイアウォール」がついているので、まずはそれを使うという方法もあります。それ以外ですと、Clam AntiVirusというソフトウェアは製作技術が公開されており、派生品を含めるとMacやLinuxにも対応しています。

ただし、こうした無償製品は、制限が多かったり利用条件が頻繁に変わったり、主なドキュメントが英語で利用方法も多少難しかったりするため、あまりおすすめはしません。なによりサポートを受けられないものが多いので、何かソフトウェアに問題があった場合は、自分で解決することになります（**図3-1-4**）。それでもかまわないという場合は、選択肢として無償のものを利用することは考えてもよいと思います。

本書では、パソコンのセキュリティ保護には、基本的には有償のセキュリティソフトを使うことをおすすめします。無償ソフトは、有償の製品が高すぎたり難しすぎたりするときに、制限や条件などを確認してから使うことを考えましょう。

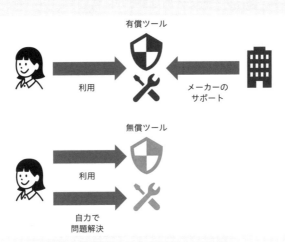

図 3-1-4：有償ツールと無償ソフトの違い

※14　無償ソフトと似た意味で使われる単語として、フリーソフトウェアやオープンソースソフトウェアがありますが、これらの用語には複雑な背景があり、本書ではこれらの違いは詳しく説明しません。用語で検索すると、さまざまな議論を見ることができます。

3-3 インターネット接続からエンドポイントを守る製品・サービス

この項目は、さっきのページとはどう違うんだ？

テレワーク時代に大事になりそうなものを重点的にピックアップしてあります。自宅を事務所にしている個人事業主でも必要になりそうなものが書いてあるそうです

　アンさんの言う通り、ここでは、特にインターネット接続するときに関係するセキュリティ製品やサービスに絞って紹介しています。これらはエンドポイントセキュリティ製品の一種ではありますが、特にテレワークなどで重要と思われるサービスを強調して紹介しておきたいということもあり、節を分けることにしました。

　この中で最も重要なツールはパスワード管理ツールです。パスワードの漏えいは大きな問題につながるので、これだけは必須としておきます。それ以外のものは、なくてもそれほど問題ないか、他の製品もある程度代用できたりするものになります。

🔽 パスワード管理ツール

　業務用のシステムだけでなく、ECサイトや企業用のSNSなど、ユーザーIDとパスワードを入力するサービスやアプリはかなりの量になります。これらのパスワードの使い回しをしないよう、複数のパスワードを代わりに覚えてもらうためのサービスがパスワード管理ツールです。

　これを使うことで、Webサイトやサービス、アプリごとに異なるIDとパスワードを一元管理できます。管理ツールにログインするためのマスターパスワードを覚えておけば、Webサイトやサービスごとに設定したIDとパスワー

ドを自動で入力できます。

　多くの人はパスワードをGoogle ChromeなどのWebブラウザに覚えさせ
たり、テキストファイルにメモしたりしているかもしれませんが、この方法で
は、パソコンが乗っ取られるとパスワードも簡単に奪われてしまいます。これ
を避けるためにパスワード管理ツールを使う方針へ切り替えることを考えま
しょう。

　使い方を**図3-3-1**にまとめました。

　なお、パスワード管理ツールには無償のものもありますが、サービスが停止
されて使えなくなってしまったり、利用しているパスワードが不正に収集され
ていたりといった可能性も考えられるので、おすすめはしません。有償の製品
を購入すべきです。パスワードの漏えいはほかよりも優先して解決するべき問
題だからです。

　パスワード管理ツールを利用する場合に、重要な点を以下にまとめておきま
す。

- **有償であること**
- **クラウド型で複数のデバイスに対応しており、パソコンからもスマホからも
利用できること**
- **複雑なパスワードを簡単に作れる機能があること**
- **複雑なパスワードを使っていない場合に警告をしてくれること**

　マスターパスワードの代わりに生体認証（顔認証など）が使えるのであれば、
より便利に使えるかと思います。

　当たり前のことですが、このツール自体のユーザーIDとマスターパスワー
ドが漏えいしてしまうとすべてが水の泡になりますので、万が一この情報が漏
えいした場合はすぐにマスターパスワードを変更しましょう。

　ここで紹介する製品には個人用も法人用もありますが、可能であれば統合管
理ができる法人用であればよいと思います。

　参考までに、このジャンルで頻繁に利用されているツールである
1Passwordの画面（**図3-3-2**）を載せておきます。

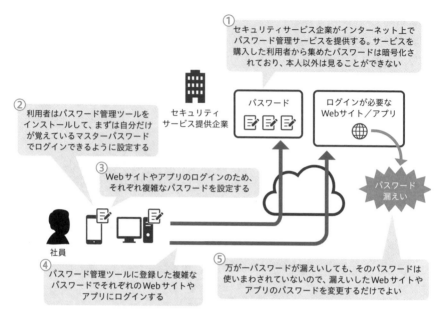

図 3-3-1：パスワード管理ツールの基本的な動作（例）

図 3-3-2：パスワード管理ツールの画面（例）

重要性	**最優先**：重要で優先度の高い製品だが、無償ソフトについては機能が充実していないことが多いので非推奨
複雑性	**低**：各社員が自分で利用することや担当者が管理することが可能。使い方は事前に調べておくことが望ましい
相場価格	1年1ユーザーあたり約2,000円〜5,000円
代表製品	1Password、LastPass、NordPass、OneLogin、トレンドマイクロ パスワードマネージャー、Keeper、Dashlane、PassClip など

🛡 VPN による接続保護サービス

接続保護サービスという呼び方は一般的なものではなく、たいていはVPN（Virtual Private Network）製品などと呼ばれています。VPNという言葉の意味は、一般的な使い方としてはインターネット経由でどこかにアクセスするときに、その通信を他から見えないようにする技術というものなので、ここでは区別のため、VPNによる接続保護という言葉を使います[15]。

このツールを使うと、自分のデバイスとVPNサービスを提供している会社が用意したサーバーとの間にVPN接続が作られ、そこからインターネットに接続することになります。これにより通信は多少遅くなりますが、いろいろなセキュリティ上のメリットがあります。

まずネットワーク通信はサーバーを経由するので、匿名性を保つことができます。閲覧するWebサイト側や、それ以外の第三者が、利用者のデバイスの情報や利用者が何をやっているのかを盗み見ることができなくなります。

それから、フリーWi-Fiへの接続は一般的には危険なので本書では避けたほうがよいとしていますが、このサービスを使うことでフリーWi-Fiスポットをある程度安全に利用できるようになります。こうした製品はかつてエジプトなどで起きたアラブの春という反政府運動で、政府の検閲を回避するためにも使われました。

またこのサービスを利用することで、制限されたコンテンツへのアクセスもケースによっては可能です。例えば海外旅行中でも、本来は日本でしか利用できないように設定されたクラウドサービスなどを使うことができる場合もあります。

---

[15] ネットワーク系の製品を利用して、会社と自分のデバイスとの間にVPNを作る製品をVPN製品という場合もあります。この方法については、UTMの項目で説明します。

統合管理ができる製品は限られているため、ここでは主に個人向けサービスを紹介します。

重要性	**高**：資産とその管理方法による
複雑性	**低**：たいていの場合、運用はそれほど難しくないが、統合管理はできないことが多い
相場価格	**低**：約3,000円〜6,000円
代表製品	ノートン セキュア VPN、トレンドマイクロ フリーWi-Fiプロテクション、Hotspot Shield、NordVPN、カスペルスキー VPN セキュアコネクション、F-Secure FREEDOME VPNなど

🛡 クラウド型メールセキュリティ

メールセキュリティとは、自分の受信メールボックスに届く怪しいメールやフィッシングメール、ウイルスつきの添付メールなど、危険性の高いメールから守るセキュリティ製品のことです。主にアンチウイルスやアンチスパム機能などがあります。最近はフィッシング詐欺やビジネスメールを装ったメールが増加し、その手口も巧妙になってきていますので、怪しげなメールを隔離したり、添付ファイルや外部サイトへのURLを削除したりする機能などもついています。

また、メールの誤送信を防止したり、故意に機密情報などを私的なメールに送付したりするのを防ぐ機能がついている場合もあります。メールを一時保留して承認者に承認してもらうワークフローを追加する、添付ファイルをWebからダウンロードできるようにする、送信先を強制的にBccにするといった機能がついているものも増えています。インターネットの通信を安全にするツール（次ページの「セキュアインターネットゲートウェイ」項で説明します）と一緒に利用できるものもあります。

このようなメールセキュリティの製品はかつてはオンプレミス型といって、社内に専用のデバイスを設置し、そこへ接続したパソコンへのメールだけが保護されるように作られていました。しかし今は端末のメールソフト（Outlookなど）でやりとりをせずWebブラウザ（Gmailなど）を用いてメールをやり取りする場合が多いことや、デバイスを設置する手間が省けることなどから、クラウド型が圧倒的に増えています。

特に最近はOffice 365やG Suiteなどのクラウド型メールサービスを使っ

ている企業が多いので、メールセキュリティ対策も、クラウド型メールセキュリティサービスと連携させる方法が主流になっています。製品ごとに機能は様々ですので、購入前に何ができるのかをよく確認しておきましょう。

重要性	**高**：セキュリティへの攻撃はメールから来るものが圧倒的に多いので、セキュリティを強化する上では有効。価格を見て検討する
複雑性	**低**：たいていの場合、導入だけITサービス企業に協力してもらえれば、運用はそれほど難しくない
相場価格	単機能の場合は1ユーザ1年で1,000円以上。サービスによっては機能を複数持っており、その場合は高額になる
代表製品	m-FILTER、CyberMail、マトリックスメール、Mail Dealer、Menlo Securityなど

■ セキュアインターネットゲートウェイ

セキュアインターネットゲートウェイは、エンドポイントからインターネットへ接続するときに安全に接続するためのツールです。Webゲートウェイ、Webプロキシなどと呼ぶこともあります。

先ほど説明したVPNによる接続保護サービスは、接続先の手前までVPNを使って別のサーバーからアクセスする方法でしたが、セキュアインターネットゲートウェイは、VPNを使わなくても安全性を高められるようになります（製品によってはVPNを使うケースもあります）。

基本的な仕組みとしては、インターネット接続時に必ずセキュアインターネットゲートウェイを介することで、危険性が高いWebサイトに自分のパソコンを直接接続させないようにする、というものです。様々なセキュリティ機能が併せて搭載されているので、より安全性が高くなります。

かつてはこのような「プロキシ」と呼ばれる中継するためのサーバーを、国内のデータセンターや社内などに置く方法が主流でした。しかし最近はモバイル端末を社外で利用したり、海外の拠点から接続したりするケースも増えてきたので、どこからでも利用できるクラウド型が多くなりました。各エンドポイントには専用のソフトウェアを入れて、このクラウドサービスを常に経由してインターネットへ接続できるようにします。

サービスの主な機能としては、まずプロキシで中継することにより、自分の居場所が相手からわからないようにできます。これはVPNによる接続保護サービスと同じ効果があります。それからマルウェアをダウンロードするサイトや

アダルト、ギャンブルなどの仕事に関係ないサイトを見られないようにするURLフィルタ機能がついている場合が多いです。

また、Web経由でダウンロードしてきたファイルがマルウェアではないか、アップロードするファイルに機密情報がないかなども確認できます。これはChromebookやiPhoneのようにエンドポイント側でアンチマルウェアがインストールできない場合や、多層防御をしたい場合には有効です。

それから、社員に使用を認めていないクラウドサービスがある場合（たとえば会社で契約しているDropboxは使ってよいがGoogle Driveは使ってはいけない、など）、社員がルールを破っていないかを見張るための機能もついています。これはCASBなどと言います。

セキュアインターネットゲートウェイにしろCASBにしろ、アンチマルウェアと同様、様々なシーンでセキュリティを強化できますが、費用は高額で利用方法も複雑なため、小さな組織ではまだあまり使われていないのが実情です。

重要性	中：セキュリティを強化する上で有効ではあるが、必須ではなく、小さな組織では不要な機能も多い
複雑性	中：たいていの場合、運用はそれほど難しくないが、CASBの機能が入るとやや複雑になる
相場価格	1台1年で4,000円以上。機能によってはかなり高額になる。デバイス100台以上から導入可能などの制限を定めているケースもある
代表製品	InterSafe GatewayConnection、Netskope

🛡 情報漏えいの検出ツール

自分のパスワードが外部に漏れたりしたときに、「have i been pwned?」などのサイトで調べる方法は第2章の「パスワードの漏えいをチェックしよう」項（P.66）で紹介しましたが、データ漏えいがないかWeb全体を監視する、より高度な製品も販売されています。

これを使うことで個人情報がインターネット上に流出しているかどうかを調べることができ、それが分かった場合は警告を発してくれるようになっています。

こうした製品は、以前は脅威インテリジェンスという名前で大企業だけが利用する製品として知られていましたが、最近は個人用や中小企業向けにも実用的なものが増えてきました。気になるようでしたら、まずは短期間だけ使って

みて、もしデータの流出が見つかれば継続して利用するようにしてみる、というのも考え方かと思います。

重要性	**低**：あるに越したことはないが、必須ではない
複雑性	**低**：たいていの場合、運用はそれほど難しくない
相場価格	**低**：単独製品として購入するケースはあまりないが、1年1アカウントで3,000円程度。パスワード管理ツールなどの付属機能として利用できるようになっている場合もある
代表製品	単独製品：ノートン ダークウェブ モニタリングなど パスワード管理ツールの付属機能として：トレンドマイクロ パスワード マネージャー、アバスト パスワード、Dashlaneなど

パスワード管理ツールは全く使っていなかったですね

みんなパスワードを使いまわして何とかするからな。時代が変わったってことで、いよいよこれは会社で支給するか

うちは私物を会社で使うこともあるから、個人で買って経費精算するのが良いんじゃないですか?

まとめて買うと安くなるんだよ

ああ、なるほど

3-4 社内ネットワークを守る製品

次は社内ネットワークとあるけど、LANケーブルの配線とかの話か。これはパソコン以上にわからんなあ

コンピュータのネットワークってわかりにくいんですね。少し基礎的なところから勉強してみましょうか

　ここではファイアウォールを中心に、社内ネットワークを守るためにどのような機器を導入するべきなのかを説明しますが、それにはコンピュータネットワークの基礎知識が必要になります。そこでこの節では、最初にネットワークの説明を簡単にまとめました。ただ、本当に初歩のことしか書いていないので、この内容があまりピンとこないという場合、まずは初心者向けのネットワークの書籍、とくに社内ネットワークに関係するものを読むことをおすすめします。

　また、大企業向けのネットワーク製品にはWAFやSIEM、ハニーポットなどの製品もありますが、本書では関係する会社は少ないと判断し、すべて省略しました。

ネットワークの基礎知識(ONU／ルーター／ファイアウォール)

　事務所では回線の契約後、ネットワークで利用する機器を購入したりレンタルしたりすることで、コンピュータから無線LANを経由してインターネットに接続できるようになります。ここで、ネットワークセキュリティ製品を利用することで、不正アクセスなどを防ぐことができるようになります。

　本書ではネットワーク技術の詳細にまでは踏み込みませんが、ネットワークの構成に全く触れずに説明しようとすると、かえって話が難しくなってしまうので、ここでは仮に**図3-4-1**のようなケースを考えてみます。小さな会社ではこのような構成が多いのではないかと思います。

　まずはONUについて説明します。

現在主に普及している光回線では、このONUを使います[16]。これは日本語では光回線終端装置と呼ばれます。技術的な言い方をすると、回線を流れる光信号とデジタル信号（電気信号）を変換する装置です。ONUが見当たらない場合、その建物で通信を一括管理している場合もあります。

次にルーター／ファイアウォールです。

ONUはインターネットにつなげるときに信号の変換をするのが役目なので、1つの回線で複数のパソコンやスマホをインターネットへつなげることができない場合があります。ルーターを使えば1つのインターネット回線を複数のパソコンやスマホで共有できます。

また、データをやりとりする宛先IPアドレスなどを記録してあるので、適切な場所に通信を転送することもできます。これはルーティング機能と言います。

ルーターには有線接続と無線接続があります。有線はLANポートと呼ばれる接続部にLANケーブルを差し込んで接続する方法です。LANケーブルはパソコンを販売している家電量販店や通信販売で購入できます。

現在のルーターのほとんどはWi-Fiを使用できるので、無線で複数のパソコンやスマホをインターネットに接続できます。有線接続もできるようになっているものがほとんどです。ONUなどと一体化している場合や、それらがすべて建物で一括管理されている場合もあります。また、ルーターにルーターをつなげることもできます。事務所ではどのようなパターンで機器が接続されているか調べておきましょう。

それからファイアウォールです。これは直訳すると「防火壁」で、許可されていない通信をブロックするものです。インターネット回線とパソコンが直接つながってしまうのを防ぐのに使われます。そのほか、これらの機器には社内側のネットワーク（LAN）と社外側のネットワーク（WAN）の中継ぎに必要なアドレス変換機能や、アクセス記録を取得する監視機能などもあります。

現在ではルーターとファイアウォールを兼ねている製品が多いので、本書では社内と社外の通信の中継ぎのために設置したものは「ルーター／ファイアウォール」と書くことにします。

また、パソコンやゲーム機などをインターネットにつなげるための、モバイルWi-Fi[17]などと呼ばれるデバイス（図3-4-2）を利用したことのある方は

※16　光回線以外の接続方式として、アナログ回線とデジタル回線を変換するためにモデムというデバイスが使われることもありますが、最近はメジャーではなくなりつつあるので、ここでは省略します。

※17　モバイルルーターと呼ばれることもありますが、ポケットWi-Fiという商品名を一般名のように使う場合もあります。

多いと思います。これは、ONUを使わず直接インターネット回線へ接続する仕組みに、ルーター／ファイアウォールの機能を組み込んで持ち歩けるようにしたものです。

以上でひとまずネットワークの説明を終えます。こうしたネットワーク構成の情報は、たいていはインターネット回線を購入したときに設定した業者からもらっていると思いますので、**図3-4-1**と比較してどうなっているか確認しておきましょう。

なお、これらの各機器について、細かい設定を自分で変更するのはおすすめしません。ルーターやファイアウォールの設定はセキュリティと深く関係しており、うまく設定できると役立ちますが、動作を十分に理解していないのであれば、初期設定のまま使うことを推奨します。ただし、2点だけ変更しておくべき設定があります。

1つはルーターやファイアウォールの設定画面にログインするときに使うパスワードです。これは他人に使われないようにするために変更しておきましょう[18]。もう1つは、無線LANのアクセス制限の設定です。これについては第2章の「無線LANルーターのアクセス制限を設定しよう」項（P.75）で説明した通りです。

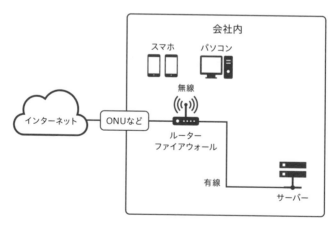

図3-4-1：小さな組織のネットワーク構成例

---

[18] その際、複雑なパスワードを設定した上で、本章で紹介したパスワード管理ツールを使うことを推奨します。

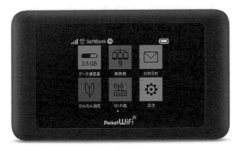

図 3-4-2：モバイル Wi-Fi[19]

🔹 UTM

　ネットワークセキュリティの代表的な製品であるUTM（統合脅威管理）について説明します。UTMは、たいていはONU／ルーター／ファイアウォールと接続できるようになっていて、ネットワーク上を流れるファイルのマルウェアを見つけるなどさまざまな機能を持っているセキュリティ製品です。

　UTMを組み込んだ構成はいくつかのパターンに分けられます。もともとあったルーター／ファイアウォールを取り外して、代わりにUTMを入れる場合は、**図3-4-3**のような構成になります。

　もともとあったルーター／ファイアウォールはそのままに、UTMを増設する場合は**図3-4-4**のような構成になります。あとからUTMを追加した会社は、このような構成が多いのではないでしょうか。

　このUTMをどう使うかについてこれから解説しますが、その前にいくつか意識してほしいことがあります。UTMは回線の契約をするときに一緒に入れるケースがありますが、入れるのが当たり前というほど普及しているものではありません。

　もし、次のどれかに当てはまるのであれば、UTMを導入するよりも、エンドポイントセキュリティ（パソコンやスマホのセキュリティ）製品やクラウドセキュリティサービスの購入、クラウドサービスのセキュリティ設定を見直すほうが適切かもしれません。

※19　写真：HUAWEI「Softbank Huawei Pocket WiFi 601HW」

- 会社の重要なデータはクラウドサービスや社外のレンタルサーバー上に保管しているので、社内で共有しているIT機器がプリンタ複合機くらいしかない
- テレワークをしている社員が多く、テレワークをしていても社内のネットワークへ接続する必要はあまりない
- 社員はパソコンを使うときにスマホのテザリングやモバイルルーターなどを使っており、社内の無線LANをあまり利用していない
- 問題があるメールが届かないようにしたり、問題があるWebサイトに接続しないようにしたりと、パソコンやスマホに対してすでにある程度のセキュリティ対策を実施している

なぜこのような話になるかというと、UTMは社内のネットワークに侵入されないようにすることが目的なので、状況によってはあまり効果が期待できないこともあるからです[20]。

事務所内に設置してあるIT機器を社員同士が共有して利用しているならUTMは意味がありますが、そうでないケースも増えてきています。テレワークをしている社員が多く、会社の情報はクラウドサービスに集めている場合などでは、効果が限られる場合もあります。

本書では、少なくともITサービス会社に勧められたとき、言われるがままUTMを入れるのは避けることを推奨します。今までは小さな組織でもUTMを入れるのが基本と言われてきましたが、テレワークやそれにともなうクラウドサービスが普及していることを考え、よく検討してから購入するようにしましょう。

ここまでを前提としたうえで、以下ではUTMにどのような機能があるかを見ていきます。

---

[20] ここは意見が分かれるところで、すでにセキュリティ対策をしていても、さらにUTMを追加することでセキュリティを強化できると考える場合もあります。本書ではお金や手間をできるだけかけないことを目標としていることから、省略しても構わないとして進めます。最近は社内ネットワークの安全性を確保する方法ではセキュリティ対策として不十分とみなす傾向が強く、複雑な認証システムやアクセス元の制限をかけることを重視する考え方が主流になってきています。関心のある方は「ゼロトラスト」などの用語で調べてみて下さい。

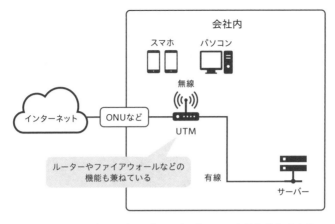

図 3-4-3：UTM をルーター／ファイアウォールと入れ替える方法

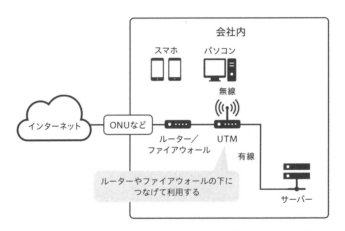

図 3-4-4：今までのルーター／ファイアウォールと一緒に UTM を利用する方法

1. ONU／ルーター／ファイアウォール

前項（P.119）で説明した機能のことです。たいていのUTMには、これらの基本的なネットワーク機能がおおむね含まれていますし、すでにそれらが設置されている場合でも追加で利用できるようになっています。なお、もしブリッジという機能を設定できるのであれば、UTMのセキュリティ機能のみを使うこともできます。

2. インターネットVPN

　現在、UTMを採用する最大の理由の1つが、このVPNになります。これは社内ネットワークへ安全に接続する、あるいは本社と出張所などを安全に接続するといった目的で利用します（**図3-4-5**）。

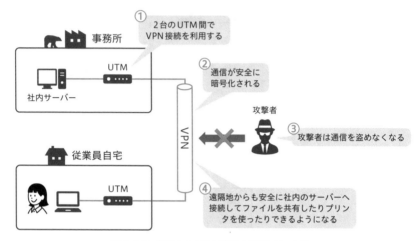

図 3-4-5：UTM の VPN 機能を利用する方法

3. メールプロキシ

　この機能も重要です。メールに添付されているマルウェアファイルやメール本文に貼られているリンクをクリックするとダウンロードされてしまうマルウェアなどを検出することで、マルウェアの感染やネットワークへの侵入を防ぐことができます。加えて、不要なスパムメールや詐欺メールなども検出してくれる機能が加わっている場合もあります。

　ただし、UTMを自分の会社で使っているメールサーバーと正しく接続できるのか、その接続はどういう手順で行うのか、確認しておく必要はあります。また、クラウド型メールセキュリティを使用している場合は機能が重複するので、複数用意するべきかは検討したほうがよいでしょう[21]。

4. Webプロキシ

　これは社内のパソコンやスマートフォンなどで、マルウェアをダウンロードするサイトに接続しようとしたらブロックしてくれる機能です。ほぼすべてのUTMに実装されている機能です。

また、特定のカテゴリのサイトに接続できないよう設定できるものもあります。業務と関係ないアダルトサイトやメールサービスへの接続は、仕事の能率を下げるだけでなく倫理上の問題や内部不正にもつながります。また製品によっては、残業を禁止している会社などのために、Webの利用時間を制限する機能などもあります。セキュアインターネットゲートウェイを使用している場合は機能が重複するので、どちらも用意するべきかはよく考えて決めましょう[21]。

5. IPS

この機能もほとんどのUTMに実装されています。日本語では侵入防止などと言われます。ファイアウォールがポート番号やサービスなど、どちらかというと大まかな情報で判断するのに対して、IPSはより詳細な情報を探り、ファイアウォールでは遮断できない攻撃に対応できるという特徴があります。

ただしIPSにはいくつか問題点があります。まずは、攻撃のパターンがルールとして登録されていないと検出できません。そのため定期的にルールを更新することになりますが、このルールが多すぎるとネットワーク通信が遅くなります。それからSSH[22]やSSL[23]などで通信経路が暗号化されている場合、IPSでは通信内容を確認できない場合があります[24]。設定も複雑な場合が多く、業務の内容に応じて設定を変更するべきと言われています。

これらの理由から、本書ではIPSの積極的な利用はあまりおすすめしません。使う場合は様々な条件をITサービス企業と一緒に検討してからになるでしょう。

6. サンドボックス

ITの世界では、サンドボックスという単語はいろいろな意味で使われます。セキュリティ関係でサンドボックスという場合は、メールプロキシやWebプ

※21　セキュリティをより強化するという観点では、両方利用するという選択肢もあります。

※22　Secure Shell（セキュアシェル）の略称で、ネットワークに接続された他のコンピュータと通信するための仕組みのひとつです。認証部分を含め、ネットワーク上の通信が暗号化されるため、安全に通信することができます。

※23　Secure Socket Layer（セキュアソケットレイヤー）の略称で、Webサイトを利用するときに、クレジットカードなどの情報を盗み取られないよう広く利用されている仕組みです。アクセスするWebサイトのURLが「https」で始まるサイトではSSLが利用されています。

※24　SSLの通信をチェックするための機能（SSLインスペクション）を備えているUTMも存在します。

ロキシなどに付属している機能のことを指します。プロキシにマルウェアかどうかはっきりしないファイルがひっかかった場合に、安全な場所にファイルを送りこんでそのファイルをテスト的に実行し、問題があるかを判断するのに使います。製品によっては細かい設定を必要とする場合もあります。

　以上が多くのUTMに搭載されている基本的なセキュリティ対策機能です。詳細な設定方法や運用はアンチマルウェアなどに比べて複雑なため、特別な研修を受けるか、ITサービス会社に依頼するほうがよいでしょう。

重要性	社内ネットワークを頻繁に利用する場合は**高**だが、会社への出勤を前提としていない場合は**低**。後者の場合は、アンチウイルス、ファイアウォール、セキュアインターネットゲートウェイ、クラウド型メールセキュリティなどを利用することで、おおむね同等の対策になる場合もある
複雑性	**高**：兼業の担当者が運用することは困難だが、運用を他社に任せるのであれば低
相場価格	1社で1年あたり3万円〜12万円。運用を任せる場合はもう少し高額になる。また、別途UTMのデバイス代が必要で、おおむね10万円〜30万円程度
代表製品	FortiGate、WatchGuard UTM、Check Point UTM、おまかせサイバーみまもり

UTMって使って当たり前なのかと思ってたんですけど、テレワークが当たり前になると迷いますね……

キタ事務さんがくれた広告に、『自宅に小さな機器を置いて、事務所に本体のUTMを置けば自宅と会社の通信を安全にできる』って書いてあったが、これは役に立つんじゃないか？

うーん、事務所にサーバーがあればそうなんですけど、近々そのサーバーを捨ててクラウドサービスに変える予定なんですよね

なるほど、もう社内にはサーバーがいらなくなる予定なのか

― ネットにつながないという選択肢 ―

　セキュリティ対策のために、スマホはともかく、パソコンやサーバーはインターネットにつながなければいいのでは？と聞かれる場合もあります。これは一見して単純で合理的な方法ではあります。当たり前ですが、少なくともインターネット側から攻撃されることは起きなくなります。

　ただし、内部の人間による犯行や、マルウェアに感染したUSBメモリやDVDを誤ってパソコンやサーバーに差し込んでしまうなどの問題はあるかもしれません。

　また、インターネットに接続していないパソコンは不便です。官公庁や金融業界ではそのようなパソコンが多い印象です。筆者個人としては、効率を考えるとあまり良い方法とは思えません。

　現在のセキュリティ製品・サービスはインターネット接続を前提として、日々最新の情報に更新するようにしているものがほとんどです。アップデートのタイミングが遅れると古い脆弱性が残ったままとなり、もしその機器に攻撃者が直接触れてしまえば、あっさりハッキングできる可能性もあります。ネットにつながないことが本当に有効かは、ケース・バイ・ケースです。

　ネットにつながないほうがよいケースとしては、以下のような条件が複数重なっている場合でしょう。

- きわめて重要なデータを扱う機器である
- 入退室が厳密に管理された部屋で利用できるようになっている
- 古いOS上でしか動かせないアプリケーションがある
- 法律やガイドラインなどの制約により、機器をインターネットに接続してはいけないことになっている
- インターネットの利用が業務上ほぼ不要である
- バックアップデータを間違いなく保管している

　規模の小さな一般企業でも、たいていはインターネットを利用しています。インターネットが不要なのは、機械の動作を記録したり学術上の計算をしたりと、特定用途で使っている場合でしょうか。筆者の知る限りでは、インターネットに接続せずに使えているものとしては、パソコンを会計計算のみに使用している自営の飲食店や宿泊施設などがありますが、やはり用途は限られています。

最後は鍵とか金庫とかの話ですね

 泥棒は怖いからな

最近増えてきた、変な機器を会社に設置してハッキングする方法も怖いですしね

　物理的なセキュリティは、サイバー犯罪とは切り離して考えるべきとされることが多いようです。最近は押し入りや空き巣などの犯罪は減っていて、ニュースで見るような一般犯罪はあまり身近ではなくなってきました。

　多くの会社において、こうした対策は最低限で十分だと思われることが多いのかもしれません。加えて日本は災害大国ですので、盗難よりも、自衛消防設備や災害などが起きたときの事業継続計画（BCP）などのほうが大切ではあります。

　それでも情報資産を奪われるなど、損害が大きくなりそうな問題は対策しておくことをおすすめします。特に、アンさんが言っているような、サイバー犯罪と組み合わせて使われるような一般犯罪は対策したほうがよいでしょう。

　ただし、物理セキュリティは会社によって必要なものが変わります。情報セキュリティはITを攻撃する事は決まっているのである程度対策は共通していますが、物理セキュリティはそうとは限りません。たとえば小売店の顧客用出入り口に入退出管理システムは必要ありませんが、万引き防止センサーは必要かもしれません。これが法律事務所であれば逆になります。さらに、各製品の価格も品質や規模によってまちまちで、事務所や店舗に応じて必要なものは大きく変わります。

　そのため、本節では製品・サービス自体の紹介はしますが、各製品の優先度や、費用がどの程度かは省略しています。また、紹介するものはごく基本的な

ものにとどめ、電磁波の遮断など、特殊な業界でのみ必要になるものも省きました。

🔰 事務所などの入退出を制限する設備

事務所や店舗、倉庫などに侵入され、パソコンなどを含めた会社の資産が盗まれないようにするため、第一に考えなければならないのは鍵です。玄関、裏口、窓の施錠ができるようにしておくことは当然です。

その際、やや高価ではありますが、鍵を使わずに錠を開けるピッキング技術での侵入を防ぐため、ディンプルキーという鍵の表面にくぼみがついた鍵を使うことをおすすめします。また、鍵についている鍵番号は知られるとコピーが作れてしまうので、やすりで削ったりテープを巻いたりして鍵番号を見えなくし、普段は合鍵を使うことも考えましょう。

鍵の周囲を破壊して裏側から扉を開けられることを考えると、可能であれば複数の鍵を取り付けることも考えましょう。コスト的に難しい場合は、補助錠を検討します。窓を割られることが心配であれば、防犯フィルムを貼っておきます。

それから以前はホテルなどでのみ見られたスマートキーが、最近は自動車や一般家庭にも普及しています。基本的には利用して問題ありませんが、ごくまれにハッキングで破られるスマートキーもありますので、インターネットで評判を調べておきましょう。

事務所など、決まった人が使う部屋で不審な人物が活動していないかを調べるためには、出入りを確認するための入退室管理システムの設置が考えられます。これは出入口を入退室のたびに電子的に施錠するシステムです。内部犯行の対策として、曜日や時間によって特定の部屋へ出入りできないようにしたり、誰がいつ入退室をしたのか記録を管理したりできるものもあります。購入する場合は、以下の機能が必要かを考えておくとよいでしょう。

認証の方式

物理鍵、カードやスマートフォンなどの鍵、テンキーでの暗証番号、顔や指紋などの生体認証などです。万が一利用できなくなった場合は業務が滞りますので、代替の認証方法も用意しておきます。最近は非接触型のカードキーを使うのが主流になっています。

テールゲート（複数の人が一緒に入ること）の制限

　1人ずつ、確実に入退室を管理する場合は必要です。訪問者が事務所に入ることが多い場合、この機能は不便なので外してしまうか、応接室よりも奥に設置することを考えましょう。

退室の管理

　不審者が入ってくることのみをチェックする場合や利用者の手間を省きたい場合は、管理しなくてよい場合もあります。

統合的な管理

　出入口が多かったり店舗が複数あったりするような組織であれば、それらすべてを統合的に管理する必要性を検討します。

　入退出についてですが、市販の錠は、鍵がなくても開けられることは覚えておきましょう。銀行の金庫室などであれば別ですが、市販の錠は堅牢に作られているように見えても、専門の業者に頼めばたいてい開けられます。重要な書類やパソコンなどは目に留まりにくい場所に片付け、特に重要なものは金庫に保管するなど、二重三重の対策を考えましょう。

　また当然のことですが、あらゆる鍵は設備自体を壊す、いわゆる破錠には対応できません。証拠を残す覚悟のある犯罪者を防ぐのは困難です。この対策としては、踏むと音が出る砂利を撒いたり、人が来たら光るセンサー付きライトを設置したりして犯罪をあきらめさせる方法がありますが、それでも心配であれば警備会社と相談することになります。

🔰 不法侵入を監視する設備

　事務所内で不審な人物が活動していないか確認するもう1つの考え方としては、録画や録音ができる防犯カメラの設置があります。購入時は以下のことに気をつけるべきですが、基本的には販売している企業に設置方法を教えてもらったり、防犯サービスを提供している会社と一緒に考えたりしましょう。

範囲・画角・照明

　盗難や破壊を見つけるためのものですから、その範囲をカバーできているかを考えます。どのような行動を監視することが目的かによって、これらの設定

は変わります。例えば駐車場の監視であれば車種やナンバープレートがわかるようにして、夜間も撮影できるようにライトも一緒に用意します。店舗なら、店員の目が届きにくい場所に設置します。

カメラの種類
　RBSS認定[25]を取得しているものをおすすめします。暗い場所でもカラー撮影ができ、逆光の補正機能や妨害対策の機能がついているものです。

集音機能
　録音ができるものがよいでしょう。事件性がある場合、収録した会話から手掛かりがつかめることもありますし、窓を割るなど大きな音を感知した箇所を調べ、そこの画像を再生することもできます。それ以外に店舗の集客状況を調べるなどにも応用できます。

記録方法
　さかのぼって何時間まで記録できるのか確認しておくとよいですが、それ以上に重要なのは、記録をリアルタイムで遠隔地に保管できるかです。カメラ自体に情報が残るものは、抜き取られたり壊されたりすると意味がなくなります。

ダミーの設置
　金額を抑えるため、目立つところにダミーを置くことで「監視をしているぞ」ということをアピールしてもよいでしょう。全部ダミーというのは賛成できませんが、本物と同じデザインのダミーをいくつか混ぜておくことで防犯効果を上げることができます。

　カメラがあればそれだけで防犯になりますし、何かを盗まれたときに犯人を見つけられる可能性はぐっと上がります。ただし、普段から見る習慣をつけるのは大変です。例えばドラマのワンシーンのように、監視のモニターに犯人らしき人物が映りこんだ瞬間「あっ、こいつは誰だ？」と気付くといった形で、実行中の犯罪を発見するのは難しいでしょう。防犯カメラがリアルタイムで役に

※25　RBSSは優良防犯機器認定制度の略で、日本防犯設備協会が防犯機器に必要とされる機能と性能の基準に適合した機器を「優良防犯機器」と認定する自主認定制度です。

立つのは、頻繁にゴミが不法投棄されていたり、事務所の裏手を通勤に使われていたりなど、繰り返し起きる些細な問題を見つけるときなどに限定されます。

これは、防犯カメラを盗撮や盗聴の対策に使うことは困難である、という話にもつながります。盗撮や盗聴と聞くとストーキングなどの目的で使われるイメージもありますが、機密情報を奪ったり、イメージダウンを狙ったりするために、企業を対象として行われることもあります。ですが、防犯カメラで対策をするのは困難です。管理サービスに24時間監視してもらえば別ですが、そうなるとかなり費用がかかってしまいます。

盗撮や盗聴行為は、基本的には興信所に依頼し発見器を使って探してもらうことになります。盗撮や盗聴を取り締まる法律はないので、犯人の侵入現場を抑えるなどのはっきりした証拠がないと、警察に動いてもらうことはできません。

盗難を防ぐための設備

より直接的に盗難を防ぐことを考える場合は、金庫や堅牢なキャビネット、防犯用のショーケースなど、防犯用の什器（じゅうき）を検討します。小売店などの業種によってはゲート式万引き防止システムや施設自体の設計見直しなども候補になります。保管を目的とした製品としては金庫がありますが、これは目立つところに置かないよう管理しておくことが第一です。盗難を防ぐだけではなく、耐火性や耐水性なども調べましょう。

目的が明確になったら、次はそれに応じてデザインや大きさ、設置場所などを検討します。金庫や防犯ケースなどは重量があるため、床や棚が重さに耐えられるかどうかも確認しておきます。一般論として、人の体重より重いものを設置する場合は注意が必要です。

次に開け方です。出し入れの頻度が多い場合は複雑すぎると不便です。開錠方法は入退室管理と同様、物理鍵、カードやスマートフォンなどのデバイス、テンキーでの暗証番号入力、顔や指紋などの生体認証などがありますが、加えてダイヤルキーやマグネットキー[26]が使えるものもあります。

金庫や防犯ケース以外の防盗としては、商用車の防犯対策を考えます。車両自体の盗難も問題ですが、それ以外に大きな損害につながる可能性があるの

---

[26] 形状は普通のドアに使うシリンダーキーに近い鍵ですが、磁力を使っておりピッキングに強いという特徴があります。電源も必要ありません。ただし合鍵がないと紛失時に開けられなくなりますので注意が必要です。

は、車上あらしです。これは統計上、車種はほぼ関係なく狙われます[27]。対策としては振動や破壊に対してアラームを鳴らす装置を設置しておくなどが考えられます。機密情報が保存されているノートパソコンなどは車内に放置しないことを心がけましょう[28]。

　施設全体の設計についてはそれぞれ条件が違いすぎますし、条件が悪いとわかっても移転は大変でしょうから、本書では扱いません。また一般論としては、施設を選定する場合、防犯よりも耐震、耐火、耐水などの対策を優先することが考えられます。

　重要な情報が保存されているデータを盗難から防ぐためには、施設自体に着目するよりも、まずはクラウドサービスを利用することを考えましょう。そもそも施設内に重要な情報が存在しなくなるため、物理的な対策に効果的であるだけでなく、地震や水害、火災からも守ることができます。

🔲 パソコンやスマホなどの電子機器を物理的に守る製品

　社外で仕事をしているのであれば、パソコンやスマホを盗まれる可能性は常に考えるべきです。利用中のパソコンやスマホであれば、犯人はすぐにパスワードを勝手に変えて自分で利用できますし、Google ChromeなどのWebブラウザにパスワードやクレジットカード番号が記録されていると、クラウド上の情報やカードを不正に利用されてしまうことにもつながります。

　パソコンについては、机などに置いたまま席を離れないようにするのは当然として、窃盗や内部犯行を防ぐため、物理的なロックをかけることも考えます。パソコンにはたいていロックのための小さな穴が開けてあり、ワイヤーで机などに固定できるようになっています（**図3-5-1左**）。

　物理的な盗難以外には、タイピングしているところやディスプレイを肩越しに見て情報を盗まれることにも注意するべきです。スマホを使って画面を盗み撮りされるケースもあります。

　カフェや新幹線の中で仕事のパソコンを開いたり、エレベーターや電車でスマートフォンを使ったりしているときは要注意です。真後ろに人がいないかな

---

[27] 以下のサイトによると、プリウスやハイエースはここ3年上位となり動いていませんが、それでも構成比の10％は超えておらず、様々な車種が狙われていることがわかります。
一般社団法人 日本損害保険協会．「第23回自動車盗難事故実態調査結果」．
https://www.sonpo.or.jp/about/useful/jidoshatounan/pdf/news_21-24.pdf

[28] 当然ですが、車の鍵も盗まれにくい場所に置いておくべきです。最近は鍵から出る微弱な電波を増幅して遠い場所にある自動車のエンジンをかける手法が問題になっていますので、必要に応じて電波を遮断するケースに入れることも検討しましょう。

どを確認し、離席するときに画面のロックをかけるように心がけましょう。加えて、横から覗き見られないよう**プライバシーフィルタ**を利用します（**図3-5-1中央**）。

それから、最近のパソコンやスマホにはカメラが付いていますが、乗っ取りを受けた上で盗撮されたり、うっかりカメラをオンにしたりしてしまうことを防ぐため、開閉できるカメラ用カバーを貼っておき、必要なときだけカメラを使うことを考えましょう（**図3-5-1右**）。

ワイヤー錠　　　　　　　　プライバシーフィルタ　　　　　　カメラ用カバー

図 3-5-1：サイバー犯罪を防ぐ物理セキュリティ製品

 ここらへんは特にいらないな。事務所と倉庫にカギがかかっていればいいだろう

ダメです。カフェで半日も仕事をしている社長みたいな人には必要です。プライバシーフィルタ買ってください

 バレてたか……

Chapter **4**

本格的な
セキュリティ対策へ
の第一歩

この章までは、仕事の片手間でもできるような、着手し
やすさを優先したセキュリティ対策についてお伝えして
きました。本章からは自社の脅威分析やスケジュール設
定など、より体系立ててセキュリティ対策を進めていく
ための考え方について解説します。

4-0 はじめに

じゃあこれまでの話を基にして、実際にセキュリティを始めてみましょう

 もう済んだんじゃなかったのか？

第3章まではじめの一歩です。ここからが本番ですよ

　本章からは少し本格的に、セキュリティ対策に取り組んでいく段階になります。

　セキュリティを専門としていない方が、毎日のようにセキュリティ対策を考え、さらに日々セキュリティに目を光らせるというのは現実的には難しいです。子どもの家庭学習のようなもので、誰かに指示されたり、よほど興味があったりするものでなければ、1週間もやれば飽きて終わってしまうものです。

　そこで本章では、1回当たり数十分程度のことを小分けに示して、できることを選んで実施できるようにしてみました。そのうちどの対策を実施するかは、自分の会社の業種や状況に応じて実施することになります。

　ただその前に、セキュリティ対策業務の全体像をつかむため、次の図を見てみましょう。セキュリティ対策の進め方ですが、基本は「計画」→「導入」→「運用と対応」の繰り返しになります。

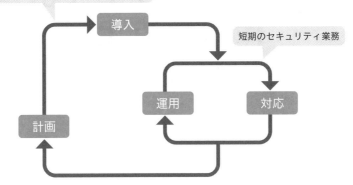

長期（半年～1年以上）のセキュリティ業務

短期のセキュリティ業務

導入

運用　　対応

計画

セキュリティ対策業務の流れ

これらについて、順に見てみましょう。まずは計画と導入です。

- **計画：どのようなセキュリティ対策の活動を実施するか、何を買ってどう設定するか、どのような社員向けセキュリティ研修をするか、などの予定を立てる**
- **導入：実際にセキュリティ対策を行う。製品を買って設定したりする**

この2つはだいたい半年から1年で計画を立てて進めていく長期的な業務です。その一方、日々の業務としてやるべきセキュリティ業務は、次のとおりです。

- **運用：セキュリティ対策ツールを普段から確認したり、正しく機能しているかを確かめたりする**
- **対応：何かのセキュリティ問題が起きたときに、内容を確認して問題を解決する**

このうち、運用は毎日行うのが望ましいのですが、難しい場合は週ごとの作業、月ごとの作業を決めておきます。運用と対応を繰り返しているうちに様々な課題が見つかってきますので、それらはメモにまとめておき、次の計画のための判断材料にします。

4-1 セキュリティ計画を作ってみよう：前半
担当決めから脅威分析まで

それじゃあ、あらためて予定を立ててみましょう

よし、わかった！　1年間もあるといろんなことができそうだな

それは去年も言ってましたね……

　ここからは、会社のセキュリティ対策をどう順序だてて実施していくか、考えてみましょう。ひとまず、今から半年～1年後くらいまでに、セキュリティ対策を改善することをイメージしてみます。最初は半年くらいで考えておくのがよいかと思います。

　また、想定しているのはあくまで10人前後の会社のセキュリティ計画なので、技術的に難しすぎたり、本業の生産性が落ちたりするような対策はしません。何を守るか、どう守るかを、すばやく決められる方法でやっていきます。

　まず、次のようなことを考え、社員と話し合いましょう。

- **この会社は何を目標としていて、どのような予定でやってきたか**
- **会社の中で重要なものは何か、それがどうなってはいけないのか**
- **どこまで責任を持ってセキュリティに取り組むか**

　経営の方針や重要なことを再確認したら、そこから次のような順番で進めていきます。

1. 資産管理：会社にどんなものがあるのかを整理しておく
2. 脅威情報の収集：会社はどのような悪事の被害を受ける可能性があるのか
3. 対策の方法：会社が攻撃を受けたときにどうするのか

　これだけを並べられても、まだピンとこないとは思います。そこで、この先では一通り、計画書を作るまでの流れをヒグマ水産加工を例にとって見てみます。ここで説明するのは大企業の計画に比べればおおざっぱなものですが、小さな会社では通常業務以外の対応というのはいつでも大変なものですので、欲張らないことを第一にします。

何を計画するべきかイメージしよう

　それでは次にセキュリティ計画には何を書くのか、ざっとイメージしてみましょう。ここで最終的に作るのは、だいたいA4で1～3ページくらいの文章です。それ以上でもよいですし、理解のために図を描いたりしてもかまいませんが、とにかくまずは短い時間で素早く作ることを優先します。
　計画を作るときにはいろいろなメモが増えますが、最終的には次のようなことがまとめてあればOKです。

- 担当者：誰がセキュリティの担当者なのか
- 重要資産：換金できるものや、盗まれたりなくしたりしたときに仕事への影響が大きいものはなにか
- 脅威と問題点：資産を攻撃されて被害が出うるパターンはどんなものがあるか
- 対策：脅威に対して、どう対応するのか
- 予定：計画を進めるスケジュールはどうなっているか

　それでは次項から、ヒグマ水産加工の例を出しつつ考えてみます。

まずは役割分担と責任範囲を決めよう

　最初に、担当者と責任者を考えます。小さな会社であれば、たいていは経営者が両方を兼務することになるでしょう。もしIT担当者がいれば、その人にセキュリティを担当してもらうことを考えてもよいでしょう。
　担当者はセキュリティを実行する人として、自分を含む会社のメンバーやITサービス会社と一緒に新しいセキュリティ対策を始めたり、運用したりし

ます（運用については、P.162からの4-3節で解説します）。何かセキュリティ上の問題があったときには関係する社員とコミュニケーションを取ります。

　セキュリティの責任者は担当者と相談して会社に合ったセキュリティがどのようなものかを考え、その必要性を理解して、セキュリティの実行にどのくらい費用や時間をかけるのか、何か起きたときに、その対応が成功だったか失敗だったかを判断します。

　これらの担当者と責任者は、すぐにまとめられると思います。ヒグマ水産加工であれば、IT担当者のアンさんがセキュリティ担当者、ゼン社長がセキュリティ責任者となります。

重要資産を考えてみよう

　次は重要な資産をいくつかピックアップしてみましょう。ここでの資産は、パソコンやサーバーなどのIT機器よりも、その中で扱うファイルなどのデータに注目します。

　会社によってこれは大きく違いますが、ここでは一例として、アンさんとゼン社長が働いているヒグマ水産加工について、社員全員で相談したうえで、次のようにまとめてみました。

現金

　まずはどんな会社でも利用する現金から検討しましょう。ヒグマ水産加工では、お金は地元の信用金庫に預けています。また、この会社ではATMや窓口だけでなくインターネットバンキングを使っており、カードや暗証番号だけでなく、インターネット上の登録情報も守るべき対象となっています。それ以外は有価証券など少額なものが多かったので、まずは現金のみを考えることにしました。

クラウドサービス内の会計データ

　次はデータです。ヒグマ水産加工では事務管理用のクラウドサービスを使っています。これはアプリケーションをパソコンにインストールする必要はなく、Webブラウザを通じてどこからでもログインできる仕組みになっており、経理や簿記の専門家でなくても明細・帳簿が作成できる機能があります。銀行カードやクレジットカードを登録しておくことで出納情報が同期され、会計帳簿や決算書、青色申告書類などを作ることもできるようになっています。

サーバー内の事業計画関係のファイル

　ヒグマ水産加工では、オフィスフロアの片隅にサーバーがおいてあり、そのサーバー内の共有フォルダに、事業計画に関係するデジタルデータ（たとえばMicrosoft ExcelやWordのファイル）を保存してあります。このサーバーへは、社内のWi-Fiにつなげられるパソコン・スマホからアクセスできます。なお、ヒグマ水産加工で最も重要なものは商品在庫ですが、これはすでに防犯対策を以前に十分検討したということで、候補から外しました。アンさんとゼン社長は、ここまでを次のようにメモしました。

> **重要資産**
> ・現金
> ・クラウドサービス内の会計サービス
> ・サーバー内の事業計画関係のファイル

　ここからは、これらの重要資産に対してどんな脅威が考えられるか、また、この3つを奪われないための対策は何かを考えていきます。実際の事業を考えるとこれ以上にいろいろとあるかもしれませんが、最初は検討する対象を絞って始めたほうがよいです。増やすのはあとからいくらでもできます。

🔖 重要資産の価値を考えてみよう

　前項で検討した重要資産が、そもそもどのくらい大事なのかを考えてみましょう。厳密に検討したい場合は損害賠償想定額算出式[1]というものがありますが、計算が複雑なので、ここでは簡易的な方法を使います。

　まずは1つ重要資産を取り上げて、何かあったときの社会的影響と経済損失に分けて考えてみます。社会的影響とは、それが奪われたり書き換えられたりすることで、他人の人生や生活を大きく変えることがあるものです。たとえばクリニックのカルテ、塾であれば生徒のテストの点数を想像するとよいでしょう。また、政治思想や借金の額、性的嗜好など、本人にとって公開されたくないような情報も対象になります。ここでは便宜的に以下の3段階くらいを決めることにしましょう。

---

[1]　かつては資産の損害を計算するときには、「どのくらいその問題が起きそうか」と「資産の価値はどのくらいか」の掛け算で考える方法がよく見られました。しかしIT関連の犯罪は詐欺やマルウェアがかかわると際限なく損害が出る可能性もあるため、現在はあまり有効ではないという議論もされています。

重要度	内容
高	人間の安全性や人生に直接関わる問題につながる
中	社外の個人や組織の身体的、または精神的な被害につながる
低	上記に当てはまらない軽微な被害がある

　「高」は、たとえばそのシステムが止まると人命に関わる、または社会への影響が大きいもので、たとえば医療施設の機能が停止するなどの大問題が起きる場合です。「中」は人の命や安全には関わらないものの、問題が起きたときに他人が被害を受けるようなものです。個人情報などがこれにあたり、法律関係や学校など、プライバシーを保管する必要がある業界では考えられる問題です。「低」はそれほど重大ではないが、気をつけたほうが良い問題です。一時的な会社の悪評につながるようなことが考えられます。

　次に同じ資産に対して、経済損失を確認します。これは資産が競合企業や攻撃者の手に渡ってしまうと、会社にどのくらい金銭上の被害が出るかです。株式会社の場合、どの資産もたいていこの問題が関係します。クレジットカードの番号や銀行の暗証番号なども間接的ではありますが、経済損失につながります。

　さて、経済損失というからには、何かあったときにいくら損するか、値段を計算できれば一番良いのですが、簡単に考えるため、ここでも次の3段階くらいに絞ります。

重要度	内容
高	会社が立ちゆかなくなる
中	会社の資本や売り上げに大きく響く
低	それなりに損失ではある

　本書では経済損失と社会的影響は別個の項目とし、お互いに掛け算したりすることはしません。まずは選んだ資産にそれぞれ高〜低のどれにあたるかを調べておきましょう。

　そして次に、これらの評価を見ながら、その重要資産の重要性を100とします。これが、それ以外の資産の点数を決めるときの基準になります。そして今後、それ以外の資産の経済損失と社会的影響を検討するときには、それぞれ三段階の重要度を設定しこの資産と見比べて重要度の点数をつけていくことにします。もし100を超えるものが見つかったら、120などとします。この数

字は後から重要度に応じて並べ替えるための便宜的な数字なので、桁や基準値は適当につけても問題ありません。

　ここまでやったら、重要資産の価値を確認する作業はいったん終えます。

🔵 重要資産への脅威を考えてみよう

　それでは、重要資産に対して攻撃者ならどう考えるかを想像してみましょう。

　攻撃者の考え方というのは、最初はなかなか想像がつきにくいものです。あれこれ思い悩んでいても始まりませんので、まずは本書を読んで得た知識の範囲で考えてみましょう。

　「生兵法で大丈夫か」と不安になるかもしれませんが、たたき台がなければ始められません。ITサービス企業に頼むにしても、任せきりでは「こんな製品やサービスがありますよ」と紹介してもらって終わってしまいますので、まずは主体的に考えてから、現実的な相談をできるようにしましょう。

　考え方のコツは、攻撃者の立場になって考えることです。その資産を奪ったり壊したりしてだれに利益があるか、それを役立てられるのはどのような立場の人か、といった観点です。利益と無関係に衝動的な攻撃をするような人は、会社相手ではあまり考えなくてもかまいません。個人間のトラブルとは異なり、攻撃者の目的は利益だと仮定して考えましょう。

　そうなると、攻撃者はだいたい2種類に絞られます。1つ目は自分の会社のことをよく知っている悪意がある関係者、2つ目はインターネット経由でサイバー攻撃をしかけるハッカーです。

　1つ目の関係者の場合は、相手の立場からして「攻撃しにくいな」と思ってもらうことが重要になります。2つ目のハッカーの対策は、窃盗や詐欺については関係者の対策に似ている部分もありますが、サイバー犯罪の場合はIT技術による対策が必要になります。そして、どちらの場合であっても、損害を受けた場合に現状まで回復するところまで考えておきましょう。

　さて、ヒグマ水産加工の場合はどうなるか、脅威の例を見てみましょう。アンさんは次のように考えました。

現金

　「銀行に強盗が入ったら」「銀行の経営が破綻したら」ということまで考えているときりがないので、とりあえず銀行側を襲う脅威は銀行のセキュリティに

任せ、それが破られたら銀行側の責任と考えます。実際、銀行の問題はたいてい自力で解決する力がありますし、それが不可能であれば政府や自治体の救済措置が入ります。問題になるのは、自分たちの作った銀行口座へ攻撃者が入ってしまったときです。

　考えられる脅威として、以下のようなものが挙げられます。

- **通帳や印鑑を盗まれ、お金を引き出される**
- **カードや暗証番号を盗まれ、お金を引き出される**
- **詐欺に引っかかって間違って送金をしてしまう**
- **インターネットバンキングへアクセスするパソコンを乗っ取られ、攻撃者の口座へ送金させられてしまう**

　まずはこれを計画書に書き留めておきましょう。対策はあとで考えます。

　攻撃のパターンは細かく考えると無尽蔵にありますが、まずは考えられる具体的な方法をいくつか出して、それを計画書に書いておきます。

クラウドサービス内の会計データ

　クラウドサービスも何かしらのコンピュータの上で動作しており、そこに攻撃者が侵入して攻撃を仕掛けたら、データを奪われる可能性があります。しかし、こうしたアプリケーションだけを使えるタイプのクラウドサービス（SaaSと言います）ではたいてい、サーバー側が攻撃を受けたら、サービスを提供している会社の責任になりますが、広く利用されているサービスはセキュリティ対策が施されているケースが多いため、基本的にユーザーが考える必要はありません。

　今回、会計サービスのセキュリティ水準を調べたところ、パスワードやID、金融機関へのログイン情報などの重要な情報は暗号化されているとわかりました。また、通信には金融機関と同等の暗号通信を採用するなど、妥当と言えるセキュリティ体制を整えており、TRUSTeという国際的なセキュリティの認証も取得していることがわかりました。そのため、ヒグマ水産加工が会計サービス提供側のセキュリティを考える必要はないとわかりました。

　そうなると、会社側で考えておくことは、以下のような部分になります。

- フィッシングや端末乗っ取りで攻撃者にログイン情報を奪われ、会計サービスにアクセスされてしまう
- バックアップとしてコピーしたデータを攻撃者に奪い取られてしまう

　重要なのはこのあたりに絞られます。ログイン情報を奪う手法はさまざまですので、対策方法も複数考える必要があります。これはあとで検討することにし、まずは上記の2項目を書き留めておきます。

サーバー内の事業計画ファイル

　今度は社内の隅に置いてあるサーバー内に入っている、事業計画関係のファイルについて考えます。この項目では本格的にITのことを考える必要が出てきます。

　サーバーはWindows Server 2016のファイル共有機能を使ってファイル共有を設定しているとします。そこへ社内のネットワークに入っているパソコン・スマホから接続して、ファイルを利用します。このような構成に対しての攻撃のパターンとしては、次のようなものが考えられます。

- 攻撃者が会社の無線LANへ勝手にアクセスし、それからサーバーへ不正にアクセスしてファイルを奪う
- 攻撃者が社員や関係者のパソコンを乗っ取ってからサーバーへ不正にアクセスし、ファイルを奪い取る
- 攻撃者がインターネットから直接サーバーにアクセスしてファイルを奪い取る
- 攻撃者がサーバー内に格納されたコンテンツのコピーを別の場所から奪い取る

　脅威は考え始めるといくらでも出てきます。しかしその攻撃方法が実際に起きる可能性が極めて少なかったり、自分で対策ができそうにない場合は一旦あきらめましょう。本書で説明しているセキュリティは自衛のためのものなので、できないことはやりません。アンさんは上記4つのアイデアが出たところで、いったん脅威の検討は中断しました。

　実際に皆さんが脅威を考える場合は、関係者を集めて会議形式でやりましょう。その場合、2時間以上は時間を取らないよう意識すると良いでしょう。セ

キュリティは業務の本質ではないので、仕事の中心に据えるものではないというのは、前述したとおりです。

　普段特に関心のないテーマについて、休憩なしで考えられるのは、せいぜい2時間程度だと思います。事前に「会社の資産が奪われるような災難（サイバー攻撃や内部不正）にどんなものがあるか、ちょっと考えておいてください」と伝えておいて、会議の場ではそれを取りまとめて終わりにしましょう。最初の1時間ではまずアイデアを出すだけ出してふせん紙などに書き、後半の1時間でそれをグループにまとめて整理していくなどもスマートな方法です。

　ある程度形になったら、さっきの重要資産のシートに、考えた脅威を書き足していきましょう。

重要資産と脅威

- 現金
  - 通帳や印鑑を盗まれ、お金を引き出される
  - カードや暗証番号を盗まれ、お金を引き出される
  - 詐欺に引っかかって間違って送金をしてしまう
  - インターネットバンキングへアクセスするパソコンを乗っ取られ、攻撃者の口座へ送金させられてしまう

- クラウドサービス内の会計情報
  - 攻撃者にログイン情報を奪われて、会計サービスにアクセスされてしまう
  - 攻撃者がバックアップとしてコピーしたデータを奪い取る

- サーバー内の事業計画関係のファイル
  - 攻撃者が会社の無線LANへ勝手にアクセスし、それからサーバーへ不正にアクセスしてファイルを奪う
  - 攻撃者が社員や関係者のパソコンを乗っ取ってからサーバーへ不正にアクセスし、ファイルを奪い取る
  - 攻撃者がインターネットから直接サーバーにアクセスしてファイルを奪い取る
  - 攻撃者がサーバー内に格納されたコンテンツのコピーを別の場所から奪い取る

🛡 資産全体も分類しておこう

　次は重要資産だけでなく、会社にある資産全体への脅威も考えてみましょう。ただしここでも、対策済みのもの、無形資産、消耗品、社員、大掛かりな固定資産などへの脅威は一度忘れましょう。重要資産以外については、たとえ

ばネットワークにつながっている電子機器や紙、USBメモリなどの物理媒体
とその中のデータを考えます。

　全資産を対象とするときは、次のように分類していきます。

1. 重要資産

　これはさきほど決めた資産のことです。優先的に対策します。

2. 会社の仕事に関係する資産

　いつも会社で使っている、ネットワークに接続可能な製品をざっと整理しま
す。仕事で使っているパソコン、スマホ、USBメモリ、ネットワークに接続
したカメラ、保証書や個別の契約書などの書類などです。これらについて、た
とえばデータの保存方法、外部とのメールのやり取りの方法、設定の変更など
について、このあと考えていきます。

3. 会社のものではないが仕事に関係する資産

　これは会社の資産ではないものの、仕事に関係するものです。たとえば取引
先の会社で借りているパソコンや、顧客からあずかったUSBメモリなどが挙
げられます。これらは自分の会社の資産ではありませんが、内部で扱っている
データは会社のものだったりすることがあります。こうした貸し借りが関わる
ものは台帳を作り、資産を保有している人と扱い方を相談して決定します。

4. 会社に関係しない資産

　これは仕事と無関係なもので、セキュリティ対策は特に必要なく、リストも
作りません。

　ここまでをざっと図にすると、**図4-1-1**のようになります。

　ここまでが決まったら、2. と3. を大まかなカテゴリにまとめなおします。
たとえば「パソコン」「スマホ」といったくくりになります。そして、そのカテ
ゴリごとに対策をします。パソコンであれば、アンチマルウェアをインストー
ルするなどです。

　ヒグマ水産加工の場合は、会社の仕事に関係する資産として、業務用のパソ
コン、倉庫の商品、紙の社外秘ファイル用ケースを、それ以外の仕事に関係す
る資産として、取引先から提供された受発注システムに打ち込んだデータを候

補にしました。本来であればこれらに対する脅威も考えることが望ましいのですが、重要資産に比べると後回しでもよいと考え、今回はリストに記載だけしておきました。具体的な対策については今後考えていくことにしました。

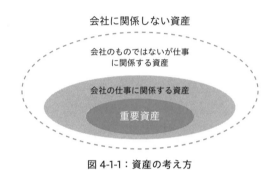

図 4-1-1：資産の考え方

ここまでを計画書にまとめよう

最後に今まで作った役割分担、資産、脅威の一覧を見返して整理し、責任者と検討します。これを決める会議は、長くても1時間程度にしましょう。計画を決めるのは後からでもできるので、思いついたらそのときにやります。

ヒグマ水産加工の場合は、次のようになりました。

セキュリティ計画書

役割分担
セキュリティ責任者：ゼン
セキュリティ担当者：アン

重要資産と脅威
・現金
  ・通帳や印鑑を盗まれ、お金を引き出される
  ・カードや暗証番号を盗まれ、お金を引き出される
  ・詐欺に引っかかって間違って送金をしてしまう
  ・インターネットバンキングへアクセスするパソコンを乗っ取られ、攻撃者
  の口座へ送金させられてしまう

・クラウドサービス内の会計情報
  ・攻撃者にログイン情報を奪われて、会計サービスにアクセスされてしまう
  ・攻撃者がバックアップとしてコピーしたデータを奪い取る

・サーバー内の事業計画関係のファイル
  ・攻撃者が会社の無線LANへ勝手にアクセスし、それからサーバーへ不正に
  アクセスしてファイルを奪う
  ・攻撃者が社員や関係者のパソコンを乗っ取ってからサーバーへ不正にアク
  セスし、ファイルを奪い取る
  ・攻撃者がインターネットから直接サーバーにアクセスしてファイルを奪い
  取る
  ・攻撃者がサーバー内に格納されたコンテンツのコピーを別の場所から奪い
  取る

その他の対策を考えるべき資産
・業務用のパソコン
・倉庫の商品
・社外秘ファイルボックス

なんだか拍子抜けするくらい簡単だったな

はじめはこのくらいで良いと思いますよ。私の知る限
り、この規模の小さな会社でここまでセキュリティの
書類を作っているところはなさそうですし

たしかに、周りの話を聞いてもそんな感じだな。IT
サービス企業に任せっきりにするか、奇跡的にコン
ピュータやセキュリティに詳しい人が身近にいたか、
何もしていないかのどれかだ

― 重要資産として考えるべきもの、そうでないもの ―

「資産を考えるときに、事務所の建物自体、社員の生命、顧客との関係、会
社のブランドなどを含めなくてよいのか」という質問を受けたことがあります
が、なんでもかんでも資産と考えているときりがないので、次のようなルール
を設けておきましょう。これはあくまで例ですが、多くの会社で参考にできる
と思います。

● すでに対策し終えたものは考えない

倉庫の商品など、物理的な品物は盗難対策などのセキュリティを検討する必
要があります。ですが、商品をどう保管するかは事業計画の中に含まれている
場合が多く、あらためて検討する必要がない場合もあります。

● 無形資産は考えない

特許権や営業権、著作権のような知的資産（無形固定資産）は、重要な資産
ではあります。しかし、こういった資産については会社単位でセキュリティを
考えるのではなく、弁護士など関係機関と連携して検討するべきです。なお、
こうした無形資産に関する悪用や詐欺の可能性について、社員研修のテーマと
して扱うこと自体は良いと思います。

● 消耗品は考えない

細かい消耗品の盗難、特に筆記用具や掃除機を個別に考えていては検討する
べき対象が増えすぎるので、いったん検討から除外します。

● 社員自体は考えない

会計制度上、社員は人件費に該当しますが、お金を生み出すので資産でもあ
ります。しかし、ここで重要資産として考えるのはいったんやめましょう。社
員が誘拐されたり危害を加えられたりするのを考慮するのは間違いではありま
せんが、こうした防犯の心得は社員研修のテーマとして扱っていくべきでしょ
う。

● 有形固定資産は検討しなくてもよい

建物や機械装置など、有形固定資産については、大掛かりすぎて盗難や破壊
が非現実的であれば、除外してよいと思います。脅迫を受けていたり、貴重な
物品を扱ったりしているのであれば、警備会社などと相談しましょう。

● 流動資産はある程度まとめてから重要資産として考える

　流動資産とは、会社が保有している資産のうち、決算から1年以内に現金化できるものを示します（これは簿記の書籍で詳しく説明してあります）。在庫や陳列してある商品は資産として検討するべきですが、たとえばコンビニの場合であれば、店舗で販売しているコーヒーや筆記用具がいくつあるかと調べていてはキリがないので、グループ化しておきます。

　また、現金や換金できる有価証券は重要資産に含めましょう。今回の例では現金しか考えていませんが、手形や債券などを扱うかと思いますので、そうしたものは「有価証券一式」のような名前をつけておけばよいでしょう。

4-2 セキュリティ計画を作ってみよう：後半
対策とスケジュール作成

> 会社の重要資産とその脅威がわかったところで、次は対策について話し合うそうです

> できれば1時間くらいで手早く済ませたいところだな

> 会議で初めて案を出すんじゃなくて、まず準備しておいてどれをやるか決めるのが良いんですって

　対策方法も細かく考えれば際限なく増えてしまうものです。網羅するのが理想ですが、それが難しい場合、会議を開いてあり得そうな攻撃方法を考えてみましょう。

　まず、資産がどのくらい攻撃されそうなのか、その可能性を考えます。

　それから資産が損害を受けたときに、どの程度影響があるかも考えます。100万円の損害があるものよりも、1,000万円の損害があるもののほうが影響が大きいといえます。また、額は小さくても社会的な影響が大きい個人情報などの影響も考えておきます。

　さらに、危険に直面しているか（直面性）も考えておきましょう。これは、攻撃者がどのくらい攻撃対象へ容易にアクセスできるかということです。

　たとえば会社で使っているクラウドサービスはインターネットからの攻撃者に直面しており、現地に行かなくてもインターネットから攻撃できるので、直面性が高いと言えます。それに比べて社内の金庫はインターネットからは当然アクセスできず、さらに物理的に金庫に触れられたとしても、たいていは持ち出したり開けたりできません。つまり直面性が低いといえます。遠隔地から攻撃できる資産については、十分に対策を考えておきます。

　それぞれの資産について、この「攻撃の可能性」「攻撃による影響」「直面性」

をある程度考えたら、次に具体的な対策を考えます。方針としては、まず次の4種類に分けて考えてみます。

被害が起きないように対策する

当然ですが、基本的にはセキュリティ対策を実施することを考えます。たとえばソフトウェアをアップデートしたり、安全になるよう設定を変更したり、セキュリティツールを買って利用したりします。

資産そのものを取り除いてしまう

対策するのが難しければ、資産を扱うことそのものをやめられないか考えてみます。資産の価値が低く、攻撃を受ける危険性が高い場合に有効な方法ですが、かなり思い切った覚悟が必要になることもあります。例としては、社内にサーバーを置いてある場合、奪われたり壊されたりするかもしれないからクラウドサービスに切り替える、などが考えられます。

他の組織と連携して解決する

自社だけでの対策を考えるのが非現実的というケースもあります。例えば、セキュリティツールが難しすぎて自社では扱いきれない場合です。たとえば第3章で紹介したEDRやUTMなどが考えられます。入退出システムや防犯カメラなども含まれるかもしれません。こうした場合は、運用を引き受けてくれる会社に協力してもらいます。もっと直接的に「資産を渡せ」というような恐喝を受けたり、会社に対して悪評をばらまかれたりしたときなどは、自分で対策するよりも、警察や弁護士に相談するべきです。また、資産の危険性を考える場合は、サイバー保険に入るなどを検討します。

どうにもならないことは諦める

諦めて何もしない、ということも選択肢の1つです。たとえば、Windows10のまだ知られていない脆弱性（ゼロデイ脆弱性）を突き、利用しているアンチマルウェアに見つからないような新しい攻撃手法でパソコンへ侵入され、データを奪われるかもしれない、という可能性を考えてもどうにもなりません。あきらめるものは候補のリストから消してしまいましょう。

🛡 セキュリティ対策を考えてみよう

　資産がわかり、脅威が見えてきたら、次はその対策を考えてみましょう。これまでの第2章、第3章で見てきた方法を意識しながら、問題を排除していきます。

　ヒグマ水産加工でも4-1節で作成した計画書で確認した問題に対してさまざまな対策を検討しました。ここでは例として、現金のセキュリティについて見ていきましょう。

- **通帳や印鑑を盗まれ、お金を引き出される**
  →これらは金庫に入れてあり、そのカギや番号はゼン社長とその奥さんだけがわかるので対策済み

- **カードや暗証番号を盗まれ、お金を引き出される**
  →ゼン社長の財布の中にある。暗証番号はどこにも書いていないので対策済み

- **詐欺に引っかかって間違って送金をしてしまう**
  →年に1回、関係者に注意喚起の研修を実施する

- **インターネットバンキングへアクセスされ、攻撃者の口座へ送金させられてしまう**
  →普段アクセスしているパソコン以外からサイトにアクセスできないようにする
  →普段アクセスしているパソコンが乗っ取られ、そこからアクセスされないよう対策する

　まず、通帳や印鑑、カードと暗証番号について、物品は鍵がかかる場所に入っており、暗証番号は経営者とその家族だけが知っている状態になっていました。追加の対策はとくにしないことにしました。

　次に詐欺の対策ですが、これは社員全体に向けて、お金のことだけでなく詐欺全般について注意喚起を実施することにしました。具体的にはまず本書のほかに参考資料となりそうな書籍を購入し、関係するページを社員で読み合わせることにしました。

最後にインターネットバンキングのことを考えます。

ヒグマ水産加工では、バンキング用のWebサイトへ直接アクセスされないようにするために、パスワード管理ツールを使って複雑なパスワードを生成して登録し、多要素認証を設定することを考えました。

さらにこのバンキングシステムには普段使っているパソコン以外からアクセスがあるとメール通知するサービスが用意されていたので、これも設定することにしました。システムへのアクセスログはすでに自動で記録されるようになっていたので、この設定も継続して利用することにしました。

これで外部のパソコンからバンキングサイトにアクセスされる可能性はかなり減りますが、専用端末自体を乗っ取られてしまうと、パソコンに履歴情報やパスワードのメモが残っていて、それらを手がかりにバンキングサイトにアクセスされてしまうかもしれません。

バンキングを悪用する攻撃でよく引っかかってしまうケースとしては、銀行を騙ったメールのリンクをクリックして偽サイトに誘導され、IDとパスワードを入力してしまいパソコンを乗っ取られてしまう、などです。このような手法への対策としては、バンキングを利用するパソコンを専用端末にすることです。メールからの誘導はほぼ詐欺であるということを前提に、銀行を名乗るメールに記載されているURLをクリックしてサイトにアクセスすることは避け、銀行から来たと思わしきメールについては電話で銀行に確認し、本当に送ったのかを確認することにしました。こうした対策はフィッシング対策協議会[2]のサイトなどを参考にして考えました。

さらに、専用端末自体にログインするためのパスワードも複雑なものであるかを確認します。それから、パソコンを解体してハードディスクの中身を見られないよう、ハードディスクの暗号化もしておきます。最後に、インターネットバンキングのパスワードのメモがパソコンの中に入っていると危険ですから、探して削除しておきます。バンキングシステムのパスワードをブラウザに保存しないよう、設定も変更することにしました。

これでバンキングサイトの乗っ取りは難しくなりましたが、パソコンのアップデートやパッチ適用を徹底しているかどうか、マルウェアが入らないように対策ソフトもインストールしているかについても確認しました。さらに会社で

※2　フィッシング対策協議会.「フィッシング対策協議会」.
　　　https://www.antiphishing.jp/

使っているマルウェア対策ソフトにはバンキング操作の際に他のサイトへ誤ってアクセスしないための保護システムが用意されていましたので、これも有効化しておきます。

これらを整理すると、次のような表（**表4-2-1**）ができました。

ヒグマ水産加工ではこうした対策をすでにやっているところもありましたが、未実施のものもありました。ここで、「未」となっているのがこれから実施する対策の候補です。これを今すぐやるかどうかはまだ考えませんが、恐らくはこの中からいくつかを選んで予定に入れることになるでしょう。

このような流れで、ほかの重要資産についても考えていきます。

資産	管理方法	攻撃者の観点	悪用の対策	実施
現金	XX銀行	ATM/銀行窓口から不正にお金を引き出す	カードは使うとき以外は金庫に入れる	済
現金	XX銀行	ATM/銀行窓口から不正にお金を引き出す	暗証番号を目立つところに書かない	済
現金	XX銀行	ATM/銀行窓口から不正にお金を引き出す	不審な人物にカードや暗証番号の情報を要求されたときの対策方法を教育する	未
現金	XX銀行	インターネットバンキングに直接アクセスする	パスワード管理ツールで複雑なパスワードを設定する	未
現金	XX銀行	インターネットバンキングに直接アクセスする	二要素認証を設定して、ログインには毎回スマホに送られる6ケタの番号を使うようにする	未
現金	XX銀行	インターネットバンキングに直接アクセスする	普段使っているパソコン以外からアクセスがあった場合はメールが通知されるようにする	未
現金	XX銀行	インターネットバンキングに直接アクセスする	一定期間自動で保管されるアクセスログを定期的に保存しておく	済
現金	XX銀行	パソコン・スマホを乗っ取ってインターネットバンキングを利用する	バンキング用の専用端末を用意する	未
現金	XX銀行	パソコン・スマホを乗っ取ってインターネットバンキングを利用する	銀行を名乗るメールのURLをクリックしてサイトアクセスすることは避けるか、銀行から来たと思わしきメールに対して電話で銀行に確認し、本当に送ったのかを確認する	未

（次ページへ続く）

資産	管理方法	攻撃者の観点	悪用の対策	実施
現金	XX銀行	パソコン・スマホを乗っ取ってインターネットバンキングを利用する	パソコンやスマホのアップデート・パッチ適用を徹底させる	済
現金	XX銀行	パソコン・スマホを乗っ取ってインターネットバンキングを利用する	パソコンやスマホにマルウェア対策ソフトを入れる	済
現金	XX銀行	パソコン・スマホを乗っ取ってインターネットバンキングを利用する	OSへログインするときに複雑なパスワードを設定する	済
現金	XX銀行	パソコンを解体してハードディスクを抜き取り、アクセス方法を読み取る	パソコンのディスク暗号化を実施する	未
現金	XX銀行	パソコン・スマホを乗っ取ってインターネットバンキングを利用する	パソコン・スマホのブラウザなどに保存したバンキングの情報を消し、記録できないように設定する	未
現金	XX銀行	パソコン・スマホを乗っ取ってインターネットバンキングを利用する	マルウェア対策ソフトのバンキング保護機能を有効化する	未

表 4-2-1：現金のセキュリティ対策のまとめ

🔖 資産全体の対策を考えよう

重要資産の対策が終わったら、それ以外の資産を保護することについても考えてみましょう。ただし、重要資産を対策する中で、その他の資産も一緒に対策されることが多いため、特別に考えるべきものだけ検討しておきます。

ヒグマ水産加工では、リストに挙げた資産のセキュリティ対策を以下のように整理しました。

- **業務用のパソコン**
  →今までの対策で十分と判断した
- **倉庫の商品**
  →入退出管理と定期的な在庫の棚卸を実施しているので、それ以上は対策しない
- **社外秘ファイルボックス**
  →鍵をかけられるケースを新たに購入してそこへ入れることにする

- **取引先から提供された受発注システムに打ち込んだデータ**
  →クラウドサービスを利用するときと同じ対策方法を実施する

　社外秘ファイルボックスを保存するケースを購入することになりそうですが、他の項目については特に対策は必要ないか、他の対策と共通でよさそうです。

　最後に、5分でできる！情報セキュリティ自社診断[※3]をダウンロードして内容を確認し、実施していない計画があったら追記しましょう。すでに本書に従って計画を作ってきたのであれば、このドキュメントの「解説編」に記載されているような対策は予定に入っていると思いますが、漏れがないかを再確認しておきましょう。

対策の一覧を作ろう

　整理が終わったらこれからやる対策のリストを作りましょう。**表4-2-2**のようにまとめていきます。

　最後に、それぞれを達成するのにどのくらいの時間とお金がかかるかを考えます。この時点で半年経ってもできそうにないなと思ったら、記録だけ残しておいて次に回しましょう。今回は初回なので、できそうなことから確実にやっていきます。

　たたき台などのメモについてはかなりの量になったかもしれませんが、最終的にはA4用紙1〜3ページ程度に収まったのではないでしょうか。10人前後の企業であれば、10個くらいの具体的な計画が書いてあり、そのうちのいくつかを実行する、というところまで決まっていれば十分です。

　お疲れさまでした。これで計画書作成はほぼ終わりです。最後に担当者は今まで作った対策一覧を見返して整理し、責任者といつまでに何をやるかと、できたときにチェックを入れる欄を作り、いつまでやるかを相談して、カレンダーに予定を記入します。

　このスケジュールを決める会議も1時間程度にしましょう。あとから書き換えてもかまわないものなので、最初に時間をかけすぎることはありません。

※3　IPA.「5分でできる！情報セキュリティ自社診断」.
　　　https://www.ipa.go.jp/files/000055848.pdf

悪用の対策	優先順位
不審な人物にカードや暗証番号の情報を要求されたときの報告・連絡体制を作る	必須
マルウェア対策ソフトのバンキング保護機能を有効化する	必須
パソコン内にユーザー名パスワードを保存せずに、パスワード管理ツールを使う	必須
詐欺対策のための社員向けセキュリティ研修を実施する	できれば
パソコンのディスクを暗号化しておく	できれば
パソコンのセキュリティをより強化するため、EDRの購入を考える	できれば
（以下省略）	

表 4-2-2：対策の一覧と優先順位

なかなか大変だったな

来年やることは決まりましたね。ここまでやれてよかったですね

そうだな。スケジュールまで立てると、さすがにやる気になってくるな

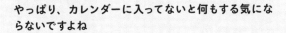

やっぱり、カレンダーに入ってないと何もする気にならないですよね

— メジャーな製品・サービスをあえて使わないという対策 —

私物を仕事でも使っている場合、または仕事用のパソコンを私用で使うことをある程度許しているという場合、Webブラウザやチャットアプリなどで、私用と仕事用がごちゃ混ぜになってしまうという問題があります。

セキュリティ対策として考えた場合、こうした問題をある程度簡単に解決するには「普段使っている製品やサービスではないが、同様の機能があるものを使う」という方法も考えられます。

たとえば、仕事用のWebブラウザにはユーザーのプライバシーを重視しているとうたっているBrave（図4-2-1）を、仕事用のチャットツールには暗号化による高いセキュリティをうたっているSignalを利用するなどです。

メジャーなGoogle ChromeやLINEではなくあえてこうしたツールを使うことで、私用と仕事用のツールを使い分けることができるので、いわゆる「誤爆」なども少なくなり、気持ちの切り替えもできるというのは悪くなさそうに見えます。

ただし、常にこうした方法が良いとは限りません。メジャーではない製品はサービスが終了する可能性も高いですし、提供する企業がセキュリティの方針を変えてしまうこともあり得ます。先ほど紹介したBraveも、一時期プライバシー上の問題がありそうな方針を指摘されて方針を撤回したことがあります[4]。

また、普及していないツールはこうした方針の変更時に情報が入手しにくかったりすることも頭に入れておきましょう。さらに、製品・サービスはメジャーなものを使ったほうがよいだろう、と考えている人は日本ではかなり多く、耳慣れないツールを使うよう指示することは社員の反発を買うケースもあります。

メジャーでない製品・サービスを使うときは広く普及しているツールとよく比較して、メリットが大きいなと判断してから使うべきだといえます。

図 4-2-1：Web ブラウザ「Brave」

※4　GIZMODE.「プライバシー重視のブラウザ「Brave」、もはや存在意義を投げ捨てた？」.
https://www.gizmodo.jp/2020/06/brave-tracking.html

— SECURITY ACTION —

　計画を立てて一通り実施できたという実感が持てたら、SECURITY ACTION を宣言してみましょう。これは本書でたびたび紹介しているIPAが作った、中小企業自らが、情報セキュリティ対策に取り組むことを自己宣言する制度です。

　第2章で紹介した「情報セキュリティ5か条」と第4章で紹介した「5分でできる！情報セキュリティ自社診断」で自社の状況を把握し、さらに「情報セキュリティ基本方針」を決めることで、外部にこの宣言ができるようになります。

　詳細は、「SECURITY ACTION」[5]を参照してみましょう。

　この宣言により、SECURITY ACTIONのロゴマークをポスター、パンフレット、名刺、封筒、会社案内、ウェブサイトなどに表示して、自社の取り組みをアピールできます。また、情報セキュリティへの取り組みを宣言している中小企業としてSECURITY ACTIONのウェブサイトに掲載されます。

　これらはあくまで認定や資格ではなく自発的な宣言ですが、それによってセキュリティ意識の高い会社だと認知してもらえる効果がありますし、IT導入補助金という助成金の必要条件にもなっています。

　本書のこれまでの内容をすべて実施してきた方には、ハードルの高いものではありませんので、自己宣言することをおすすめします。

※5　IPA.「SECURITY ACTION」.
　　https://www.ipa.go.jp/security/security-action/index.html

4-3 セキュリティの運用と対応の方針を決めよう

計画は決まった。これを順番にやっていけば良いんだな？

それ以外にも、セキュリティを保ち続けるために、普段なにをやるか考えないとですね

　セキュリティ対策を開始した後、実業務として社内で継続して行う活動に「運用」と「対応」※6があります。自転車のメンテナンスを例に挙げるならば、定期的に空気を入れたりライトの電池を交換したりすることが運用です。もし自転車がパンクしたときは修理することになりますが、そのような緊急の対応も考える必要があります。

1. **運用：セキュリティ製品やサービスのチェック、サーバーの設定確認など、定期的に実施する作業**
2. **対応：セキュリティの問題があったときに実施する作業**

　基本的には「こんなときはこうする」という流れが書いてあるフロー図を作るのですが、運用と対応のどちらも細かいものを作ろうとすると終わりません。まずは箇条書きや簡単な図にまとめます。具体的に見ていきましょう。

🔖 定常運用

　定常運用は、例えばセキュリティツールの管理画面を見たり、情報を収集したり、必要な設定を変更したりすることなどが考えられます。
　どのくらい定常運用に時間を割いたり、改善に力を割いたりするべきかは会社によって大きく変わります。ですが常識的には、IT業務の1割以上をセキュ

※6　これら両方を「運用」として、「定常運用」と「緊急時運用」と言ったりする場合もあります。

リティに割いているのは少々時間をかけすぎといえます。会社のパソコンが全部マルウェアに感染するなどの緊急時は対応に時間を割く必要がありますが、セキュリティの運用にはあまり時間をかけてはいられません。

実際には、思いついたことを全部実行するというよりも、どうやって削るか、楽をするかを考える必要が出てくるでしょう。

定常運用には、次のようなことが含まれます。

- ニュースやサイトを見てセキュリティ情報を収集する時間
- 今後の計画を見て、継続的に必要になる活動を実施する時間
- 問題になりそうなことを定期的にチェックする時間
- 社員向けセキュリティ研修（講習会、勉強会、メールなどでの注意喚起、レポートを作成するなど）の時間

内容は会社によって大きく異なります。これまでの調査結果や計画、日ごろのセキュリティに関係する習慣を振り返って、必要なことを見つけていきましょう。

ヒグマ水産加工では、アンさんは次のような運用をやっていくことに決めました。

■定常運用■
セキュリティ情報の収集と共有：週に30分
セキュリティツールから送信された通知メールの確認：毎日1回
セキュリティツールの画面確認：毎週1回
セキュリティツールのレポート作成：毎月1回、ツールの機能で自動作成して内容を確認する
スマホとパソコンのアップデートをチェックするよう社員へ通知する：毎月1回
セキュリティ機器やツールの設定、確認など：毎年1回
アクセス権の確認と変更：毎年1回、および必要に応じて適宜
保有するシステムや情報資産の確認とセキュリティの再確認：毎年1回
セキュリティ計画と達成状況の確認：毎年1回
定常運用の見直し：毎年1回、および適宜
社員教育：年2回の講習、およびメールでの注意喚起を毎月

やっていくうちに無理が出てきて破綻することもしばしばありますので、このリストは適宜更新していきましょう。

🛡 緊急時対応

　緊急時の対応方法は、これまでに確認してきた社員へのアンケートや計画書などを確認しながら作成します。

　まず、何が起きたときを「緊急時」とするのかを決めます。たとえば「セキュリティツールから警告が発せられたとき」「社員や取引先から問題があるとメール・電話などで連絡が来たとき」などを思いつく限りまとめておきます。それができたら、次を書いていきます。

- **その問題はどのくらいそれは起こりそうか（頻度）**
- **その問題が起きたらどうなるか（現象）**
- **その問題が起きたとき、まずはどうするか（初動対応）**
- **その問題が起きたとき、どうやって具体的に解決するのか（根本対応）**

　最初の2つは想像できると思います。難しいのは3番目と4番目です。まずは初動対応から考えてみましょう。以下のような行動が考えられます。

事実を確認する

　たとえばランサムウェアによってデータが暗号化されているのであれば、どのパソコンのどのデータが暗号化されたのかを記録します。そしてそのパソコン以外に影響は出ていないのかを確認します。

　ネットバンキングであれば、いつ起こったのか、被害額はどの程度なのか、などを確認します。

パソコンなどを隔離する

　マルウェアの感染に気づいた場合は、他の端末への拡散を防止するために、ネットワーク上から端末を切り離します。

専門家に相談する

　自力での解決が難しそうであれば、普段相談している業者に連絡します。すぐに連絡がつくか不安な場合は、事前に相談しておくのも手です。

代わりの方法で仕事をする

　たとえばランサムウェアでパソコンが使えなくなったのであれば、復旧するまでは手作業で仕事をして業務を継続するなどが考えられます。

　初動対応が終わったら、次は根本的にどうするかを考えます。

もとの状態に復旧・回復する

　マルウェアなどの問題であれば、バックアップやセキュリティ製品・サービスを使って攻撃から回復します。

補償を受ける

　保険に入っている場合はその会社に、そうでない場合はシステムを導入してもらった企業や関係企業、政府や自治体などに補償を求めます。システムを使えるはずだったが手続きや事前の確認が足りなかった、という可能性もあるので、どのようなケースで使えるのか調べておきます。

あきらめる

　被害を受け入れて、仕事は可能な範囲で続け、できないことはあきらめます。ほかの選択肢が選べない場合はこれを選びます。

　できれば最後の方法はとりたくないものですので、他の方法ができるように準備しておきましょう。また、その時点では解決策が思いつかず、かつあきらめるわけにもいかない、というものはとりあえずは「不明」と書いておき、あとでセキュリティ関係の情報を収集したり、セキュリティ関係組織に相談したりしてみましょう。

　書いていくうちに、これらのパターンは挙げていくと際限がないほど多いことに気が付くでしょう。そのため、これもまずは重要資産に関係するものだけ書いておきます。

　たとえばヒグマ水産加工では、パソコンを乗っ取られてオンラインバンキングを悪用されてしまったときは、次のように対応することにしました。

　こうしたシートを1つでも作っておけば、ほかのことにも使いまわしが効きますので、緊急時対応のファーストステップとしては十分でしょう。

■緊急時対応：オンラインバンキングの問題■

まずやること
・銀行に電話して不正アクセスの被害を受けたことを告げ、被害額を取り返せないか交渉する
・パソコンを最新にアップデートして脆弱性を消す
・マルウェアをフルスキャンする。消すことができなかったりまた感染してしまう場合は、ルートキットなどが仕込まれていると考え、OSリカバリ（入れ直し）を実施して、バックアップからデータを戻す

根本的な対策
・ITサービス企業と相談して根本原因を調査し、排除する方法を検討する
・利用ソフトウェアの脆弱性がすぐ消せない場合は、利用製品・サービスの変更を検討する
・銀行のサービスに問題があり、改善の見込みがない場合は取引先の変更を検討する

定常運用はともかく、緊急時対応はケースの数を考えると気が遠くならないか？

基本はキタ事務さんに相談したほうが良いですね。自力では大変ですよ

キタ事務さんだってわからないこともあるだろう

そこからは、自分たちでもできる範囲で勉強するしかないですね

Chapter

5

知っておくべきこと、
やっておくべきこと

ここまでは「まずはやってみること」を目標としてきました。本章では、普段からセキュリティ対策に取り組むための予備知識を、技術的に難しい話は可能な限り省略し、小さな役立つことを優先して紹介しています。すでに第2章や第3章などで触れた内容もありますが、ここではさらに詳細に解説しています。本章の内容を理解したら、今までやってきた1周目を強化して、2周目にチャレンジしてみてください。

代表的なサイバー犯罪を理解する

まずはセキュリティニュースを見るところからですね

Security Nextってサイトを見てみたが、なかなか頭に入ってこない

私もいつも見ているわけじゃないですけど、大きな事件や脆弱性の話がリアルタイムで書いてありますね。ここ以外だと、IPAやJNSAで扱っている脅威情報が役立ちますよ

　ここではニュースサイトやセキュリティ情報を扱うサイトでよく見るセキュリティ被害について説明します。毎日のようにさまざまな脅威が報告されており、それを一つ一つ理解しなければならないのかと思うと気が重くなりますが、よく見ると共通している部分もあります。

　セキュリティ担当者としては最低限、2022年現在世の中を騒がせている脅威である標的型攻撃、フィッシング詐欺、BEC、ランサムウェア、マイニングマルウェア、遠隔操作、IoTハッキング、サプライチェーン攻撃、あたりを押さえておきましょう。

🛡 標的型攻撃

　不特定多数を狙うのではなく、攻撃者が目的とする結果（たいていは機密情報の入手が多いですが、それ以外も含まれます）を得るために手をかえ品をかえ、しつこく狙う行為です。対義語は無差別型攻撃ということが多いようです[1]。複数の会社を標的として、無差別に攻撃が行われます。

　無差別型攻撃で引っ掛かりそうな相手を見つけて、その相手に標的型攻撃を

※1　本書では「ばらまき型攻撃」は標的型攻撃の対義語とはしません。ばらまき型攻撃というのはマルウェアを添付したメールなどを手当たり次第にばらまき、引っかかった相手を攻撃する方法を指す言葉ですが、メールをばらまいた後に相手をしぼって標的型攻撃に移行する場合もあるからです。

仕掛けるケースもあります。このような無差別型から標的型へ移行する攻撃では、2020年以降「新型コロナウイルスに関する注意喚起」のようなメールに、リンクや添付ファイルを仕込む方法が広まっています。このような書かれ方をすると重要なことが書かれているのではと思い、クリックする人が多いからです。

フィッシング詐欺

フィッシング詐欺は、送信者のふりをしてメールを送りつけたり、そこから偽のWebサイトへ誘導したりする方法をまとめて言います。フィッシングはphishingと書き、魚釣り（fishing）と洗練（sophisticated）から作られた造語であると言われています。

メールを使った誘導は、メールアドレスをSNSのサイトやダークウェブなどから入手することで比較的簡単に実行できます。また、送信者を改ざんできることや、ほとんどの企業が新しいユーザーからメールを受け取ることを普通だと思っているという理由からも、多用されます。たとえば**図5-1-1**などです。

最近はSNSもよく利用されますし、それ以外に電子掲示板にURLを載せて誘導するケースもあります。このうち、メールやSMS、SNS、電子掲示板を使うケースでよくある方法としては、偽のサイトに接続させて、重要な情報を打ち込ませるという方法がよく使われています。たとえば**図5-1-2**のような流れで情報を奪うのがセオリーです。

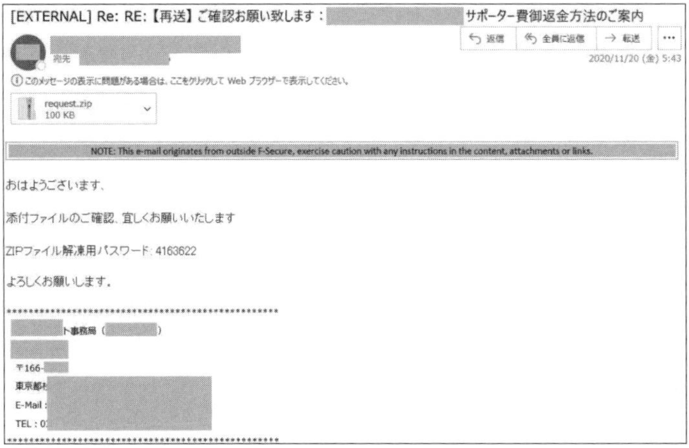

図 5-1-1：詐欺メールの例

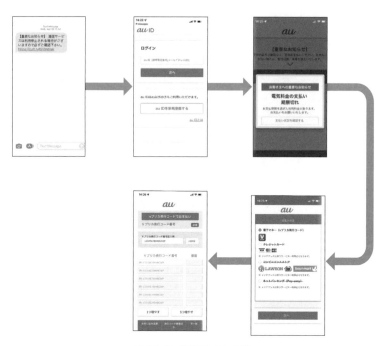

図 5-1-2：詐欺サイトの例

BEC

BECとはビジネスメール詐欺の略で、フィッシング詐欺の中でも取引先や営業担当を装った文面のメールで相手をだまし、口座に送金させる方法のことを指す場合が多いです。フィッシングサイトへ誘導することを指す場合もあり、フィッシング詐欺とはっきり区別せずに使われたりもします。

BECは一般的な文章で詐欺をしかけてきますので、不正な部分をメールセキュリティ製品などで技術的に見つけるのは難しいと言われています。企業版の振り込め詐欺ともいわれ、素直に従ってしまうと大きな被害につながる可能性もあります。

新型コロナウイルスの流行以降「テレワークになったので会社のプロセスが変わりました」という文面でお金をだまし取ろうとする詐欺も増えてきています。**図5-1-3**はその一例です。

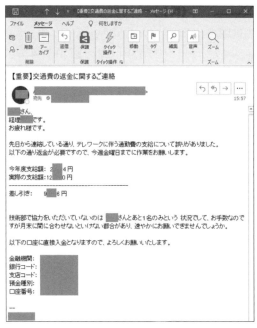

図 5-1-3：BEC メールの例

🛡 ランサムウェア

パソコンやサーバーの中のファイルを勝手に暗号化するなど使えない状態にして、お金をよこせと要求するタイプのマルウェアです。ランサム（Ransom）が身代金という意味であることからお金の問題と考えられがちですが、この攻撃が深刻なのは、むしろ病院や都市インフラを扱うシステムが被害に遭遇した際の社会的な影響です。

例としては、病院のカルテが暗号化されて医師や看護師が紙と鉛筆で仕事をすることになり、入院中の患者の命が危険にさらされたなどの事件があります。身代金を払っても元通りになる保証はなく、しかも1回ランサムウェアに感染したら自力で元通りにすることは難しいため、支払うべきか、つっぱねるべきか、はっきりした答えは未だ出ていません。

2017年に世界中で大問題になったランサムウェア「WannaCry」は自己増殖して社内のネットワーク内にコピーをばらまく仕組みになっており、感染が広まり、日立やJR東日本、イオン、ホンダなども被害を受けました。これら

の企業では入念なセキュリティ対策を実施していたことは間違いありません
が、それでも被害は広がってしまったのです。

パソコンが感染すると、データは暗号化され、**図5-1-4**のようなポップアップ画面でデータを戻してほしければ数万円分のビットコインをよこせと要求してきます。

WannaCry以外にも多くのランサムウェアがあり、2021年には大手企業のニップン（旧日本製粉）がこの攻撃を受けたことでも大きな話題になりました。

ランサムウェアに感染した場合、ごくまれに復旧方法が公開されることもありますが、あまり期待しないほうがよいでしょう。感染後の最後の手段としては、バックアップからのデータ復旧を考えておきます。しかし、バックアップ先のクラウドサービス内や、社内サーバー内のファイルまでランサムウェアに感染しているというパターンも考えられますので、それも含めて対策をしておく必要があります。

さらに最近は、身代金の支払いに応じない場合に抜き取った情報をばらまく二重脅迫という手口もありますので、個人情報がランサムウェアによって被害を受けた場合には情報漏えいの事実を確認するなど、小さな会社でもやらなければいけないことはあります[2]。被害に遭わないよう、より気をつけなくてはいけません。

---

[2] 2022年4月から施行された「改訂個人情報保護法」の規則第7条第3号関係では、ランサムウェア被害に遭遇した場合に「個人情報保護委員会に報告する」「漏えいの事実を該当者全員に伝える」ことが義務付けられています。
個人情報保護委員会.「個人情報の保護に関する法律についてのガイドライン（通則編）」.
https://www.ppc.go.jp/personalinfo/legal/guidelines_tsusoku/

図 5-1-4：ランサムウェアで表示される画面の例

🔰 遠隔操作

2012年のサイバー犯罪事件で、電子掲示板「2ちゃんねる」経由で個人の パソコンを遠隔操作し、そこから殺人などの犯罪予告を行ったという事件があ りました[3]。この事件はどちらかというと警察の誤認逮捕ではないかという議 論で有名になりましたが、パソコンを遠隔操作できることが広く知られた事件 でもありました。

遠隔操作はマルウェアをインストールすることでできるようになります。 メールやインターネットの掲示板などから間違ってリンクを踏むことでパソコ ンがマルウェアに感染し、バックドアという侵入口を作られて攻撃者に操られ るケースがほとんどです。これによってさらに他の犯罪への踏み台にされた り、データを盗んだりされることがあります。スマホの場合も遠隔操作用のア プリを悪用されると同じようなことが起きます。

※3　Wikipedia.「パソコン遠隔操作事件」.
　　　https://ja.wikipedia.org/wiki/パソコン遠隔操作事件

💭 DoS攻撃

インターネットを利用していると、時間帯によってはWebサイトにつながりにくかったり、人気イベントのWebサイトに接続しづらかったり、といった経験があるかと思います。これは多数の接続がWebサイトに殺到して起きる現象です。

DoS攻撃は、このような状態をわざと作るというものです。よくある方法として、攻撃者が大量のパソコンやスマートフォンなどをマルウェアに感染させて遠隔操作し、別のサイトへ通信を殺到させて、サイトが使えないように妨害します。

大手のWebサイトがDoS攻撃、またはより高度なDDoS攻撃によってダウンしたと報道されるのは、それほど珍しいことではありません。政治的な主張や企業のイメージダウンを狙うなど、思想的な目的で攻撃されることもあります。日本でも、国際的なハッカー集団により中央官庁や自治体のWebサイトが攻撃されたことがあります。

2016年には、Miraiというマルウェアが複数のWebカメラに感染し、乗っ取られたカメラがDDoS攻撃に利用されました[4]。最近はこのように、IoTデバイスのセキュリティがパソコンやスマホほど強固でないことにつけ込む攻撃も多くなっています。

小さな会社の場合は、「自分のパソコンやスマホが何者かに勝手に操作され、DoS攻撃の片棒を担ぐことに巻き込まれるかもしれない」という可能性を考えておきましょう。対策方法はアップデートやアンチマルウェア、アクセス制限などがあります。特にルーターやWebカメラのログインパスワードは初期設定のものから変えて、複雑にしておくことを徹底しましょう。

普段の仕事では全く目にしない単語ばっかりだな……

専門家じゃないので、ここではひっかかるとどうなるかを知っておけばOKだと思いますよ

※4　Wikipedia.「Mirai（マルウェア）」.
　　　https://ja.wikipedia.org/wiki/Mirai_（マルウェア）

─ インターネットに情報が流出していないかを調べる ─

あれこれインターネットの使い方に気をつかっていても、いつのまにか情報が流出するということもあり得ます。ここでは、自分の会社に関係する情報が流れていないかを調べる方法を見てみましょう。

これをはっきりと確認するためには、ダークウェブと呼ばれる領域にまで踏み込まないと難しいものがあります。しかし、セキュリティの初心者が手を出してよい世界ではないので、ここではGoogle検索を駆使して調べてみましょう。

Googleを使って重要な文書が流出していないかを調べるには、たとえば次の方法があります。

1. **Googleの検索フォームに「filetype:（ファイルの拡張子）」と入力する**
2. **流出していると困るファイルや、それに関連するキーワードを入力する**
3. **検索する**

キーワードには自分の会社以外に「機密」「社外秘」「Secret」など、自社で使っている機密情報を意味する用語を含めてもよいかもしれません。また、特定の単語を検索するときには「"」（ダブルクォーテーション）で挟むことで、似たような単語が一緒に検索されるのを防ぐことができます。

たとえば、Higuma-Suisankakoという会社に関連するpdfであれば、それが社外に流出していないかを確認するには、たとえば以下のように検索します（例ですので、実際にGoogle検索しても何もヒットしません）。

- **filetype:pdf "Higuma-Suisankako"**

余談ではありますが「filetype:pdf 社外秘」などで検索すると、意外なほど多くの社内用文書が検索結果に出てきて驚くことがあります。

ここで紹介した方法は、グーグルハッキング（Google Hacking）と呼ばれる手法の初歩です。この手法についての情報は英語で書かれたものがほとんどですが、興味があれば読んでみるのも面白いでしょう。

サイバー犯罪に巻き込まれたときはどうすればいいのか

これは第4章の緊急時対応の話題にもつながる話ですね

定常運用や社員向けセキュリティ研修と違って、パターンが無限にありそうなんだよな

極論、知ってる人に聞くしかなさそうですが、自分でもある程度調べられるようになろう、というくらいのスタンスで行きましょう

　Web上のニュースサイトではしばしばセキュリティ問題がトピックになっていますが、これが自分の会社で起きたとしても、最初にどうすればよいか、次にどうすればよいかイメージが沸かない場合が多いと思います。本節では、会社でセキュリティ問題が起きたときに、対処方法をどう調べればよいかを見ていきましょう。

専門家へ問い合わせる

　何か問題があったとき、大企業ならセキュリティの専門チームがいるかもしれませんが、たいていの会社ではそうした組織を作ることはまず難しいでしょう。

　とはいえ、素人判断は危険です。そこで、たいていは自分より詳しい人に聞くことになります。というわけで、まずは相談の仕方を見てみましょう。まず当たり前ですが、事件性があれば**110番**です。

　そして、被害があるのかどうかよくわからない場合や、技術的な解決策が必要と判断した場合は、普段から取引している**ITサービス会社やセキュリティ**

会社に問い合わせてみることになります。

　それからIPAの情報セキュリティ安心相談窓口[5]に電話またはメールで相談するという手もあります。無料ですが、問い合わせを始めると、状況を詳しく聞かれたり、被害を受けたパソコンやスマホのスクリーンショットを取得したりするように言われることがあります。電話は時間制限、メールはファイルサイズの制限がありますので、スムーズにやりとりができるよう、被害にあったパソコンなどの利用者と一緒に、質問をわかりやすく簡潔にまとめておきましょう。

　そのほか、ネット通販などを含む様々なインターネットトラブルの相談先を探す場合は、インターネットホットライン連絡協議会[6]から探すことも考えます。なお、脅迫してきたり、不当と思われる請求をしたりしてきた相手とは一切交渉する必要はありません。これらに対してどう連絡するべきかは、まず専門家に相談して、それから考えましょう。

　金銭がらみの問題、たとえばすでに振り込みをしてしまったり、身に覚えのない引き落としがあったり、あるいはそれを強要されたりした場合は、警察にも相談する必要があります。110番以外では都道府県警察本部 サイバー犯罪相談窓口[7]など、最寄りの都道府県警の窓口へ相談しましょう。

　インターネット経由ではない、不審な手紙や電話、訪問者が来た場合なども、緊急でない場合は警察の相談窓口[8]または＃9110へ連絡しましょう。

　法律関係の問題になりそうな場合、つまり告訴や訴訟をするぞと言われた

※5　PA.「情報セキュリティ安心相談窓口」.
　　https://www.ipa.go.jp/security/anshin/

※6　インターネットホットライン連絡協議会.
　　http://www.iajapan.org/hotline/index.html

※7　警察庁サイバー犯罪対策プロジェクト.「都道府県警察本部 サイバー犯罪相談窓口」.
　　http://www.npa.go.jp/cyber/soudan.htm

※8　警察庁.「ご意見、各種相談・情報提供等」.
　　https://www.npa.go.jp/goiken_index.html

り、裁判所からの出頭などを命じられたりした場合は、まずは法テラス[9]に相談します。犯罪や裁判に巻き込まれそうなときは自助努力も大切ですが、まずは警察や法律関係者に相談するべきです。

コンサルタントに入ってもらう

サイバー攻撃を受けたときには、被害を見積もったり証拠の収集をしたりする必要があるのですが、これを徹底して行うには、人間による手作業の調査、つまりコンサルティングに勝るものはありません。大半のセキュリティツールやサービスは、コンサルタントが手作業で行っていたことを自動化して使えるようにしたもので、その始まりはたいてい人間がやってきたことなのです。

セキュリティ関連のコンサルティングサービスは、会社によって呼び方は違いますが、たいていは以下のようなサービス[10]があります。

インシデントレスポンス

パソコンやスマホ、サーバーなどが攻撃を受けたときに、コンサルタントがリアルタイムで問題を調査して対応します。会社の事務所（現地）で実施する場合も、オンラインでリモート（遠隔地）から対応する場合もあります。

フォレンジック／侵害調査

何か問題があったときにパソコンやスマホを徹底的に調査し、問題の痕跡を調べます。調査はパソコンやスマホを送ってから数日間かかる場合もありますが、何か明確な問題があった場合は原因を究明できる場合が多いです。

また、日頃のセキュリティ対策の一環として、次のような調査も依頼できる会社があります。

ITセキュリティ診断

コンサルタントが一定期間（数日～数か月）会社のIT関係のセキュリティを

---

[9] 日本司法支援センター法テラス.
https://www.houterasu.or.jp/

[10] セキュリティコンサルティングという場合、Webサイトに脆弱性があるかを調べるサービスが一般的ですが、本書は社内のITを対象としたセキュリティのみを対象としているため、こちらのサービスについては扱いません。

調査して、適切な状態になっているかを調べます。また、セキュリティ対策のために推奨するサービスがあるかどうかも調査します。

ペネトレーションテスト／レッドチーム演習

コンサルタントが攻撃者のようにふるまい、社内の重要資産の入手を試みる演習です。たいていの場合防ぐことはできず、一般にはセキュリティチームの対応手順などを調べるために実施します。

これらのサービスを受けたときの効果や費用、契約期間はコンサルタントによって全く違います。一般的には小さな会社であれば無縁かとは思いますが、会社が傾くような事故が起きてしまった場合は、インシデントレスポンスやフォレンジック調査を実施してもよいかもしれません。

ただし自力でコンサルティングサービスを探すのは大変ですので、まずはIPAの情報セキュリティ届出・相談・情報提供[11]に相談したり、契約を前提とする場合はJNSAが公開しているサイバーインシデント緊急対応企業一覧[12]に相談したりすることから始めましょう。

■ マルウェアに感染していないかを調べる

明らかな犯罪の痕跡はないものの、もしかしたら何かの被害を受けていると感じることがあるかもしれません。代表例としては、アンチマルウェアがマルウェア検出の警告画面を出したり、動作が重くなったり、OSが注意の警告文を頻繁に出したりする場合などです。

このようなときは、マルウェアに運悪く感染してしまったと考え、アンチマルウェアのフルスキャン機能を実行しましょう。また、設定した覚えがない画面が出てくる、やたらと起動が重い、不審なウィンドウが立ち上がる、といった状況がみられる場合も、アンチマルウェアが検出できなかったと考え、同じようにまずはフルスキャンをかけて調べます。

※11　IPA.「届出・相談・情報提供」.
　　　https://www.ipa.go.jp/security/outline/todoke-top-j.html

※12　JNSA.「サイバーインシデント緊急対応企業一覧」.
　　　https://www.jnsa.org/emergency_response/

　このとき、「すべてのマルウェアの問題は解決した」という内容の表示が出れば、ひとまずは安心です。

　ただし、マルウェアを消しきることができないと表示されたり、画面上は解決したとでているが、なんとなく変な動きが戻っていなかったり、重要な情報が入っているパソコンやスマホだったりする場合もあります。そのときは油断せずにデータをどこかへコピーしてからデバイスを初期化し、そのデバイスにインストールしてあったアプリなどを元に戻すまでやったほうがよい場合もあります。ただ、このあたりの判断は難しいので、ITサービス会社にも相談してみましょう。

　もし「不審なURLへのリンクをクリックしてしまった」、もしくは「パソコンやスマホの中に疑わしいファイルがあることがわかっている」などの場合は、それをVirusTotal[13]というサイトにアップロードして調べてみます。これは入力されたURLが適切なサイトかどうか、ファイルがマルウェアかどうかを、複数のセキュリティ企業のツールを使って調べてくれるサービスです。英語のサイトではありますが非常に役立つので、使えるようにしておきたいところです。

　また、VirusTotalで検出されなくても、不審だなと思ったファイルは、ANY.RUN[14]やHybridAnalysis[15]へ送ることで解析することもできます。こちらも社外秘の情報が入っていないファイルを送ってテストできます。怪しいURLについては、urlscan.io[16]で調べることもできます。

　ただし、これらのサービスはマルウェアや不正なサイトを調べるうえでは重要ですが、社外秘の資料などをアップロードすることは避けましょう。さきほどのサービス群の中には、セキュリティ研究のために、アップロードされたファイルは有償でダウンロードできるものもあります。つまり、社外秘の資料などをアップロードすると情報が流出してしまいます。これでは本末転倒ですので、使い方には注意しましょう。

　これ以上に深くパソコン・スマホの問題を調べるのは、初心者には難しいと思います。無償のメモリ診断ツール、フォレンジックツール、ネットワーク調査用ツールなどがありますが、本書の目的を超えますので、ここでは説明しません。

---

[13] https://www.virustotal.com/gui/home/upload
[14] https://app.any.run/
[15] https://www.hybrid-analysis.com/
[16] https://urlscan.io/

🟦 不正アクセスを受けていないかを調べる

　それから、普段使っているサービスに対し、会社に関係ない人からアクセスされる、ということもよくあるセキュリティ問題です。**図5-2-1**は筆者が業務で調べた画面ですが、Evernoteというクラウドサービスのアクセス履歴です。サウジアラビアや沖縄、インドからアクセスされており、これは利用者が記憶にない使用でした。

　こうしたサイトで個人情報が漏えいしていた場合、すぐに利用しているスマホやパソコン、サイトなどでユーザー名やパスワードを変更します。また、可能な限り多要素認証を設定してもらいます。アクセス履歴は何かあったときだけでなく、定期的に全社員に調べてもらいましょう。

　流出した可能性がある情報の中にクレジットカード番号や機密情報などが含まれている場合は、カード会社や銀行など関連機関へ連絡をとり、不正な利用がないかを確認しましょう。場合によってはカードの利用を止めてもらうなども必要になります。

図 5-2-1：不審なところからアクセスされたと思われる履歴画面（Evernote）

パソコンの問題を調べる

　スマホに比べてパソコンは様々な用途で利用できることもあり、問題が起きる確率も高いといえます。特にWindowsについては利用ユーザーが多く、様々な悪用の手口が知られていることから油断しないほうがよいでしょう。

　特に気を付けたほうがよいのは、以下のようなことが起きたときです。

- **突然ブルースクリーンを表示してフリーズしたり、再起動したりする**
- **パソコンの起動が遅かったり、起動時に見覚えのない表示が出たりする**
- **パソコンのキーボードやマウスのレスポンスが遅かったりするなど挙動がおかしい**
- **パッパッと一瞬だけ謎のウィンドウが立ち上がる**
- **見覚えのないアプリが起動したり、タスクバーに表示されたりする**
- **時計や日付がズレている**

　このようなことが起きていると連絡を受けた場合、繰り返しになりますが、OSのアップデート、アンチマルウェアのフルスキャン、再起動、バックアップからのリストアなどをやってみましょう。これらの操作はパソコンに悪影響があるわけではないので、定期的に実施しても問題ありません。

　そして、セキュリティ担当者はさらに、以下のような作業もやってみる価値があります。

プロセスを確認する

　これはWindowsであればタスクマネージャ、Macであればアクティビティモニタを使えば確認できます。ここで、インストールした覚えがなかったり、普段利用したりしていないと思われるプロセス、またはCPUやメモリの使用率が高すぎるプロセスがあれば、それを記録しておき、Google検索で調査します。その後、該当のプロセスを停止させ、再起動してまた動き出さないかを調べてみましょう。

過去の利用履歴を確認する

　これはWindowsの場合はイベントビューアー、Macであればコンソールなどを利用することで確認できます。疑わしいものは詳細を記録しておき、Google検索で調べてみましょう。

ハードディスクの問題がないかを確認する

　SSDではない、旧式のハードディスクを使っている場合は、Windowsの場合はスキャンディスク、Macの場合はディスクユーティリティのFirst Aidなどで調べることができます。

メモリの問題がないかを確認する

　Windows、MacともにMemtest86+^{※17}などを使って診断することができます。

　パソコンのバージョンやハードウェアによって使えなかったり使い方が違ったりするので、ここでは詳細には触れませんが、検索したり書籍を読んだりすれば情報が得られます。技術的に少し幅広い知識が必要にはなりますが、単純なパソコントラブルなどにも役立つ知識ですので、できれば身に着けておきましょう。

▌ 機器や事務所にハードウェア的な細工がされていないかを調べる

　これまでの問題は、遠隔からの攻撃が可能である、あるいは気づかれにくい攻撃が可能であるという観点から、主にソフトウェアを対象としたセキュリティについて説明してきました。ですが、実際の対策はそれだけではなく、ハードウェアの対策も含めて考えておく必要があります。

　ハードウェアに関する犯罪というと、設備の破壊や強盗・窃盗のような、一般犯罪が思いつくかもしれません。しかし最近は会社を直接襲撃する犯罪よりも、こっそりと細工をして情報漏えいにつなげるような、複合的な犯罪が増えてきています。

　こうした観点から、何か問題があったときに調べてみる方法を紹介しておきます。

デバイスに見覚えのない機器が設置されていないかを調べる

　たとえばキーボードをはじめとする接続端子に、余計な延長コードやプラグがついていないかを調べてみましょう。また、何に使うのか不明な機器がコンセントに接続されていないかも調べたほうがよいでしょう。こうした専用の機

器を使うことで、攻撃者は盗聴や盗撮を行ったり、キーボードに入力された文字データを読み取ったりすることができてしまいます。

　普段からコードの配線を見えやすく整理しておいたり、チェックリストを作って、掃除の際に死角になっている部分を確認したりすることが重要です。タコ足配線の問題は小さな事務所だとなかなか解決できないのですが、ブレーカーへの負担や火事などにもつながるので、十分に気を付けておきましょう。

　また、磁気カードを不正に読み取る「スキミング」という道具を使う方法もあります。たとえばコンビニの店舗などであれば、顧客のクレジットカードを読み取る機器などに設置することも考えられます。

　もっと直接的な方法としては、機器に偽のボタンを張り付ける方法もあります。これは銀行のATMなどに設置する方法が知られていますが、一応参考までに覚えておきましょう。

盗聴・盗撮・情報窃取などがされていないかを調べる

　機器を直接接続する以外にも、盗聴・盗撮などの方法を応用して情報を奪う手段があります。たとえば入退室管理にキー入力が必要な場合は、入退出管理のデバイスに直接電子機器がついていなくても、小さなカメラを使って読み取ることができます。また、扇風機やコーヒーメーカーなどにこっそり機器をしかけて盗撮や盗聴をする方法も、知識と設置の機会があれば意外と容易なものです。ただし、電池式であれば長くは使えないので、まずはコンセントを調べてみたほうがよいでしょう。

　こうした方法は、本書のモデルになっているヒグマ水産加工のような事業所ではあまり警戒する必要はないと思いますが、大きな金額が動く仕事に関わっていたり、暴露されると大きな被害がある情報を扱ったりしている会社では必要になります。

個人でも知っておいていい話ばっかりだった

なにか心当たりが？

かなり前に、なんかパソコンの調子が悪くなってな。いつも使ってるアプリが立ち上がらないし、スケジューラが変な時間に動くし、メールがおかしな届き方をするんだ。何かと思って慌てたんだ

うわ、こわい

アップデートしてアンチマルウェア動かしてアクセス履歴調べて、3回再起動して……それでも直らなくて冷や汗が出たよ

うわ、すごくこわい

よく見たら子どもが時刻と日付の設定を変えてたんだ

ああ……なかなか気づかないですよね、そういうこと。離席するときはパソコンをロックしましょうね

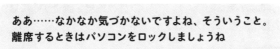

― 様々なIT関連機器の問題を調べる ―

会社で使用するパソコンやルーター、IoT機器など様々なデバイスについて、問題がないかをより深く調査したいと思うことがあるかもしれません。しかし脆弱性を調査するためのツールはたいていの場合は難しく、セキュリティのプロでないと扱えない場合がほとんどです。NessasやNmap、Kali Linuxなどのツールを聞いたことがあるかもしれませんが、これらは本書では紹介しません。また、Burt SuiteやOWASP ZAPなどのツールも有名ではありますが、これらは主にWebサイトの問題を調べるためのもので、本書の内容とは直接関係のないものです。

デバイスによってはメーカーが独自のセキュリティツールを組み込んでいることもありますが、こうしたツールの良し悪しは簡単に判断できないため、これも本書では説明を省略します。説明をよく読んだうえでそれぞれが判断して使うものであるとします。また、無料のセキュリティツールも検索すると見つかるかもしれませんが、ひょっとするとそれは攻撃者が用意した犯罪のための偽ツールかもしれませんので十分注意しましょう。

それでも関心がある場合、パソコン以外の機器を調査するには、以下のようなツールの利用は考えてみましょう。

●FalconNest

株式会社ラックが作成したツールで、企業や組織内で自社が標的型攻撃を受けていないかを確認できます。自分の会社がかなり重要なものを扱っており、それを狙うような攻撃者がいるかもしれないと思われる場合は、使い方を調べてみましょう。

●SHODAN

これはインターネットに接続されているルーターやIoT機器などのデバイス情報を集めて検索するサービスです。自分が利用している機器がインターネットから接続できるかを調べることができます。現在のところ、このサービスは英語のみの提供になっています。

◆　◆　◆

これらはどちらもお金はかかりませんが、技術的な知識が必要になります。検索して使えそうなら考えてみましょう。似たようなツールはほかにもあるのですが、ここでは参考までに2つのみ紹介しました。

本書では、これ以上の高度なセキュリティ診断が必要な場合は、セキュリティを専門で扱う会社に依頼することをおすすめします。

盗まれたデータはどこへ行くのか

　データの漏えいについては本書で繰り返し述べてきましたが、攻撃者はデータを盗んだら、そのデータをどうするのでしょうか。奪い取った個人情報などを使って詐欺をするのは、なかなか大変そうです。データを盗む技術と詐欺の技術は全く違うものだからです。

　データを盗むことで生活しているような攻撃者は、たいていの場合はダークウェブと呼ばれる、一般の人がほとんどアクセスしないサイト（**図5-3-4**）へ売り払います。本書ではダークウェブへどうアクセスするかは扱いませんが、そこで起きていることのイメージはつかめるよう、簡単に説明しておきます。

　2021年に英国のComparitech社が運営する比較サイトComparitech.comが調べたところ、盗み出された個人情報には値段がついていて、40以上の闇市場を比べたところ、なりすましや詐欺など犯罪に利用できる日本人の個人情報データ一式は平均25ドルということがわかりました。

　盗難クレジットカードの価格は、1枚当たりだいたい100円～10万円程度とばらつきがあり、アメリカのものがほとんどでした。ハッキングされたPayPalアカウントの価格は、500円～20万円程度とやや高値です。まとめて販売する場合はセット価格ということか、けっこう安くなります。相場を覚えてもあまり意味はないですが、こういった現実があり、それが今ダークウェブで起きているものなのだ、ということは知っておいてもよいかと思います。

　ダークウェブではこのほかにマルウェアの作り方や公開されていない脆弱性情報、麻薬の取引、武器の取引などさまざまなことが行われています。こうしたところは、決して好奇心から見たりすべきではありません。下手なサイトへ行くとマルウェアを知らずのうちにダウンロードしてしまったり、脅迫されたりすることにつながります。筆者の知り合いにもダークウェブの研究者がいますが、専門家であってもアクセスするときには極めて慎重に、対策を十分に施した状態で接続するようにしています。

**図 5-3-4：通常のブラウザからは行けないダークウェブの
検索エンジンとハッキングサービスサイト**

IT資産管理・データ整理のやりかたを覚えておこう

資産管理ならやってるんだけどな。毎年棚卸ししてるぞ

ここで言ってるのはIT関係、つまりハードウェアやソフトウェアを管理しましょうってことですよ

　前章では重要資産を保護することについて紹介してきましたが、ここではもうすこし幅を広げて、資産全体を管理する方法を紹介します。

　固定資産についても棚卸しを行うことで、無駄な資産を買っていないか（死蔵していないか）、資産が問題なく除却処理されているかなどがわかるようになります。

　ところで、ここで扱う資産は、業務のために利用しており、かつ価値がある情報です。アンさんが言うように、在庫や証券はたしかに重要ですが会計上の資産管理で扱うものであり、ここで言っている資産管理の対象ではありません。

💬 IT資産管理台帳の作り方を覚えておこう

　まず、IT資産管理には次のようなものが該当します。

- ハードウェア：パソコン、サーバー、スマホ、スイッチなどのネットワーク機器、複合機・スキャナ機・コピー機、IoT製品（たとえば計測機器や防犯カメラ、ロボットやAlexaなど、インターネットにつながっている機器）
- ソフトウェア：OSやアプリケーション
- OSやアプリケーションを使用するためのライセンス

一般的には、セキュリティ対策を目的として資産管理※18を行う際、基本的には現物管理、つまり実際に使われている物品やソフトウェアだけを考えます。たとえば固定資産であれば、土地、建物、機械装置、IT機器、車両、ソフトウェアなどです。消耗品については、貴重なデータが入っているDVDやUSBメモリ、書類などを書いておきます。

　これらを一覧表にまとめて、IT資産管理台帳を作ります。ここでは最も基本的な方法である、ハードウェア管理台帳とソフトウェア管理台帳の2種類をMicrosoft Excelなどの表計算ソフトやノートなどにまとめてみましょう。

　こうすることで、会社の備品を勝手に持ち出したりしていないか、機密情報が入ったコンピュータがなくなっていないか、などが見えるようになります。機密情報の漏えいや会社の財産の不正利用を防ぐことにもつながります。

　資産管理台帳を作るときには、次のようなことが見てわかるようにしておきます。

その資産を使っているか

　資産の行方がわからなくなっていれば、当然問題です。まず投資が活かせていないわけですし、第三者の手に渡っているのであれば、機密情報が漏れている可能性もあります。

その資産をだれが使っているか

　責任者が誰かを記録しておきます。資産が見当たらない場合や、問題がある場合の問い合わせ先になります。

その資産はいつまで使えるか

　こちらもかなり重要です。資産管理台帳を作る目的の半分はこれと言ってもよいでしょう。ハードウェアは耐用年数を超えると壊れる可能性が飛躍的に上がりますし、ソフトウェアは更新時期を過ぎると利用できなくなったり、契約違反になったりします。ソフトウェアによっては、アップデートができなくなると脆弱性を突かれて攻撃される可能性まであります。そこで、ハードもソフトも耐用年数を想定するために購入時期を記録しておきます。

※18　ここでは帳簿の作成のために実施する会計管理的な意味での資産管理は扱いません。会計管理における資産管理の方法については、詳しくは簿記の参考書などを見てください。

その資産を正しく使っているか

　たとえばソフトウェアの場合は本来10ライセンスまで使えるものを11ライセンス使っていたら契約違反になります。また、パソコンやスマホに本来入れるべきでないソフトウェアが入っているかもしれません。こちらは、資産管理台帳を作るだけではわからない場合もありますが、それでも効果はあります。たとえば、本来ファイアウォールを通るべきではないデータが流れていたりした場合に、その通信元がどこかを調べるときに資産管理台帳を役立てることができます。資産管理台帳に書いてあるマシンがアンチマルウェアの管理ツールから確認できない場合は、セキュリティ対策ができていないかもしれません。そうしたことも確認できるようになります。

　このような基本を意識して資産管理台帳を作っていきましょう。資産管理台帳のテンプレートはさまざまなWebサイトに無料で掲載されていますので、一度見てみるとよいでしょう。最終的には、**表5-3-1**、**表5-3-2**のようなリスト（台帳）を作るのが目標です。

管理番号	カテゴリ	コンピュータ名	IPアドレス	OS	設置場所	導入日	終了日	担当者	確認日
AAA111	パソコン	AN-PC01	192.168.1.100	Windows 10	事務室	2020/10/1	2025/10/1	山田 安	2022/3/30
AAA112	パソコン	ZEN-PC01	192.168.1.101	Mac	事務室	2020/10/1	2025/10/1	佐藤 全	2022/3/30
AAB200	サーバー	SVR02	192.168.1.10	Windows Server 2016	サーバールーム	2020/4/1	2025/4/1	山田 安	2022/3/30
AAB201	サーバー	SVR02	192.168.1.11	RHEL 8.0	サーバールーム	2020/4/1	2025/4/1	山田 安	2022/3/30
BBB100	ルータ	SW01	192.168.1.1		サーバールーム	2019/4/1	2024/4/1	山田 安	2022/3/30

表 5-3-1：ハードウェア資産管理台帳の例

カテゴリ	ソフトウェア	購入数	利用数	更新確認日	担当者	詳細情報
OS	Windows Server 2016 Standard	1	1	2020/10/1	日々 安	"ライセンス：コマンドラインで以下を入力 wmic path softwarelicensingservice get OA3xOriginalProductKey プロダクトキー：キャビネ03に記載"
OS	RHEL 8.0	1	1	2020/10/1	万 全	\\kyoyu\SWlicense
アプリケーション	Office Pro	5	5	2020/4/1	日々 安	\\kyoyu\SWlicense
アプリケーション	F-Secure Elements	10	7	2020/4/1	日々 安	\\kyoyu\SWlicense
アプリケーション	1Password	5	5	2020/4/1	日々 安	\\kyoyu\SWlicense

表 5-3-2：ソフトウェア・サービス資産管理台帳の例

■ データを整理しよう

　IT資産管理はセキュリティ対策として重要ではありますが、そもそもこうした管理よりも、業務に直接関係あるファイルやデータベースの中身を守ることが重要です。パソコンやソフトウェアが無事でも、そこで使っている重要なデータが社外の人物に渡ってしまうセキュリティ事故が起きれば無意味です。

　そこで、本項ではデータの取り扱いを考えます。どんな会社でもITを使っている限りデータは山ほどありますので、まずは分類をします。そのデータが重要か、そうでないか、または人に見せる必要があるか、ないかなどの観点で、データを区別してみましょう。

　価値が高いデータの例としては、顧客情報、個人情報、経営計画の情報などが考えられます。重要でも価値が高くないデータもあります。たとえばWebサイトや四季報に載せる会社の所在地や電話番号は、漏れても問題はありません。

　本項ではデータの分類方法として、以下の4種類に分ける方法を紹介します。

社外秘

　社員だけしか扱えないものを指します。顧客などの取引先は社内のデータやデバイスを使えないはず、ということです。よくわからない場合は、まずは何であれいったん社外秘にします。このタイプの資産には、流出や改ざん、悪用などがされないためのセキュリティ保護が必要です。

機密

　社内でもごく一部の人間（たいていは経営者か経理・総務など）だけが扱い、

漏れると会社に大きな影響があるデータです。社外秘よりも厳密なセキュリティ保護が必要になります。データベースに格納しているデータも基本的にここに入ると考えたほうがよいでしょう。

外部共有

　社外の顧客や関係会社に見せたり相談したりするときに使うデータです。この場合はデータごとに共有先と相談し、流出や改ざん、悪用などがされないように、関係者全員でどのようにデータを扱うかを決めます。一般的には秘密保持契約（NDA）と呼ばれる、該当するデータを共有している相手以外に漏らさないという約束を取り交わします。また、共有したデータが何かを確認できるように、貸借データ管理表を作成し、お互いに確認できるようにしておきます。

一般公開

　広く世の中に公開する情報です。これは流出を心配する必要は特にありません。

　難しいのは、「社外秘」と「機密」をどう分けるかです。これは重要性によって決めるのですが、判断が難しい場合もあります。コツとしては、「機密」はごく限られたもの数点のみにしておくことが考えられます。

　「外部共有」するデータや「一般公開」するデータは、何を公開するべきかその都度検討するということでかまいません。会社の方針に応じて決めていきましょう。

🔵 共有フォルダのデータを整理しよう

　次に情報流出につながりがちな、共有フォルダ内のファイルについて考えましょう。実はこれが一番面倒です。というのも、誰かが不要と思って消したものが他の人には必要だった、という事がありえますので、どんな会社でも共有フォルダのデータは消さないことが習慣になります。

　ですが、元が何だったのかわからないようなファイルが大量に残るのが当たり前になってしまうと、やはり後になってから問題を生むものです。

　たとえば「**ヒグマ水産秋のイベント企画書_v3_3月4日・最終版-アン修正-改（ファイナル）.xlsx**」みたいに不格好に継ぎ足した名前のファイルを見たことはありませんか。こういうファイルがあるということは、もともと何か別

名のファイルがあって、それはどこかに残っているかもしれないのです。完成されたものよりも、コメントや修正前の情報が書いてあるドラフトファイルの方が、会社の内情などを読み解かれやすいかもしれません。

　これはIT技術で解決する方法がないので、ファイル管理の問題になります。しかしセキュリティ担当者が「いらないファイルは消すこと！」「古いファイルは削除すること！」と通知しても、なかなか現実的には守られないでしょう。

　これを防ぐには、たとえば次のようなルールが考えられます。

ファイルに命名規則をつける

　フォルダ名についてはすでに説明しましたが、ファイル名には最初に作成・更新した年月日をつけておきます。たとえば「2020-08-31-イベント企画書.xlsx」などです。

参考資料やPDFの情報など外部から持ち込んできたデータを入れるフォルダを作る

　フォルダ名には、外部から持ってきたことがわかるような名前をつけるのが望ましいでしょう。「A社提供資料」のように書いてあるとよいかと思います。ここでは命名規則を守る必要はありません。

ルールを守っていないファイルや古いファイルは定期的にバックアップして削除する

　こうすることで、とりあえずの問題は解決します。ルールを守っていないファイルは名前順に並べればわかりますし、日付順に並べれば1年くらい経ったファイルもわかります。これらはバックアップして、担当者のみがアクセスできる場所に退避しましょう。万が一「実はあのファイルが必要なんだ」と言われたら、バックアップから戻してあげます。

複数人で特定のファイルを編集するときはドラフトフォルダを決め、後でバックアップして削除する

　このドラフトフォルダには作成日を書いておきます。例えば「2010-10-30-開発一時フォルダ」などです。そして正式なファイルが完成したら、バックアップに保管して消します。作業中はわけのわからない名前のファイルが山積みになるかもしれませんが、なにしろ使い終わったらバックアップに保管さ

れて消えるので、共有フォルダは綺麗な状態に保たれます。

　これで情報漏えいのリスクはぐっと減ります。ただ、全部のフォルダにこれを徹底するというのは面倒ですので、まずは「機密」のカテゴリに設定した情報からスタートします。

💬 データを廃棄するときには

　パソコンやサーバーの中にはデータを保存する記憶装置としてハードディスク（HDD）やSSDが使われています。これはパソコンと物理的に繋がっているので、パソコンが不要になったときに意識して外さない限りは一緒に捨ててしまうことがほとんどです。ですが、ここから情報が漏えいしてしまうことがあります。

　実は記憶装置のデータは削除したときに、「削除しました」という情報を書き加えるだけなので、特殊なソフトを使えば復元できます。Windowsを初期状態に戻したり、ドライブをフォーマットしたりしてもデータは完全には消えません[19]。

　2019年に神奈川県が借りていたサーバーのHDDがインターネットオークションサイトで転売され、数十テラバイトの個人情報が流出し、「世界最悪級の流出」と報じられました[20]。典型的な内部犯行ですが、廃棄した後に貴重なデータを含めた状態で転売されるというのはかなり恐ろしい話です。

　これを防ぐための廃棄方法はいくつかあります。1つ目は、専用の機材やソフトウェアでディスク全体のデータを上書きすることです。この場合はHDD/SSDの再利用ができるので、売却したり譲渡したりするときには使えますが、作業にはそこそこ時間がかかります。また、見た目からは成功したかの判断ができません。

　なお、HDDは磁気消去法という方法でもデータを消せますが、SSDにはこの方法は使えないので注意しましょう。

　2つ目は物理的に破壊するというものですが、こちらも意外と大変です。特にHDDは頑丈に作られており、ハンマーで殴った程度では壊しきれません。

---

[19] 最近のSSDではデータ復元がかなり困難になっており、特にTrimコマンドをサポートしているものはガベージコレクションが適切に機能していれば再利用は困難です。技術的な確認が必要になるので本書では詳しく説明しません。

[20] 日本経済新聞.「神奈川県、行政情報に大量流出懸念廃棄機器転売され」.
https://www.nikkei.com/article/DGXMZO53033300W9A201C1MM0000/

YouTubeなどでは旋盤で穴を開ける方法が紹介されたりしていますが、その程度ではデータ消去には不十分で、読みだそうとすれば読めてしまうケースがあります。

　本当にデータを使えないようにしたければ、データ消去を実施したうえで、専用の破砕機で元々なんだったのかがわからないレベルで木っ端みじんにするのがベストですが、個人では難しいので廃棄業者に頼むことを推奨します。なお、廃棄業者に頼む場合はマニュフェスト（廃棄証明書）をもらうようにしてください。

　それ以外のデータ廃棄については、紙やメディアの場合は不要なものはシュレッダーにかけたり、焼却処分を実施したりします。また、物理的な話ではありませんが、クラウド上に格納したデータも不要なものは適宜消していくべきです。

　データのこまめな削除は面倒に感じることが多いものです。しかし攻撃者の視点からすると、IT技術によるハッキングよりもはるかに簡単にデータを入手できるので、徹底することをおすすめします。特に事務所の移転時などは事故が起きやすいので、確実な削除と廃棄を確認しましょう。

これはすぐにはできんな。日頃の仕事はこれよりずっと雑だぞ

自信満々に言わないでください。あと、やるのは社長ではなく私です

5-4 メール／SMS／SNSを利用した攻撃について

メールとかを使った攻撃って、これ、詐欺メールのことかな。こんなの一度も引っかかったことないぞ？

何度も引っかかっていましたよ

引っかかってたのか？

でなければ社長のパソコンでこんなにウイルスが見つかりません。ほとんどの攻撃はメールから来るんですよ

　ここでは、メールやSMS、SNSの安全な使い方を説明します。メールは専用のメールソフトやアプリを使ったり、Webサイトから使ったりする場合があると思いますが、ここでは両方を検討します。

　基本的な考え方として、会社で使うメールは、会社でドメイン※21を取得したものだけを使うのがベストです。私用で使っているGmailやYahoo! メールを会社で兼用にしてしまうと、見落としや間違いが増えてしまいます。また、会社の情報（取引先とのやりとりなど）が私用メールに蓄積されることになるので、社員が退職した瞬間に会社の情報が漏えいすることになってしまいます。

　私用メールがドメインとなっている場合、取引先から「この会社、私用メールでやりとりしているが大丈夫か？」と違和感を持たれる可能性もあります。ただし、ドメインをとるのは費用がかかりますので、無料メールを運用したい、という場合は、個人が作った私用メールを使わせるのではなく、会社として

※21　言葉の意味としては、インターネット上の住所のことです。「ドメインを取得する」という場合は「独自ドメイン」という、希望する文字列を入れた会社や個人のオリジナルのドメインを意味します。有償で法人・個人を問わず、誰でも取得できます。同じ文字列のドメインは存在しないので、Webサイトやメールアドレスなどにその文字列を利用することで、信用のある組織であると示すことにつながります。

メールアカウントを発行し、アカウント管理などができるようにしましょう。

　SNSについては、Twitter、Facebook、Instagramなどがあります。これらは個人でよく使われるサービスですが、アカウントの切り替えを忘れたまま投稿をしてしまう、いわゆる誤爆がありうるので、ビジネス上のやりとりのために使うにはあまり合わないといえます。

　それでもコストの問題や広報の都合などで、メールやSMS、SNSは多様な形で使われます。以降では、これらを対象とした攻撃とその回避の方法を見ていきましょう。

電子メールを利用した攻撃をみやぶるには

　5-1節（P.169）で解説したフィッシング詐欺やビジネスメール詐欺などを防ぐには、まずは添付ファイルと本文に貼ってあるリンクを疑う[22]習慣から始めます。

　最初は添付ファイルの拡張子をチェックします。ファイルの末尾が「.exe」「.bat」「.js」などと表記されているものは、クリックするとマルウェアが実行されてしまうことがあるので注意しましょう。

　そして、現在は普通のPDFやMicrosoft Wordのdocx形式に見える添付ファイルでも、ファイルを開くことで問題が起きることがあります。GmailやYahoo!メールなどは高性能なフィルタリング機能を使っており、マルウェアを排除してくれる優れものではありますが、すべてをチェックしてくれるわけではありません。例えば取引先のパソコンが乗っ取られてしまい、そこからマルウェアつきのメールが送られてくると、セキュリティ製品によっては「問題なし」と判断され、素通りさせてしまうこともあります。

　また、メールを確認するときには以下の3つに注意してもらうよう伝えておきましょう。

不自然でないか確認する

　攻撃者は「本物の差出人が送ってきそうなメール」に見せかけた文面で誘導してきます。メールの文面を読むときに意識する点としては、1）これまでのやり取りと関連性のある内容か、2）緊急性や重要性があるように見せかけていないか、3）深夜や土日など不自然な時間に送信していないか、などがあり

---

[22] かつてはメールを開いただけで感染するというマルウェアもありましたが、数は少ないのでここでは考えません。

ます（**図5-4-1**）。

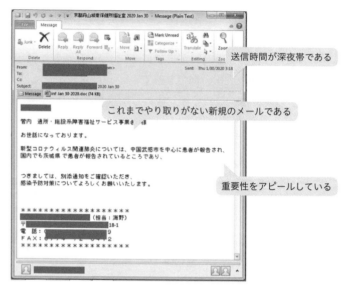

図5-4-1：怪しいメールの着目するべき点

特定の行動に誘導しているかを確認する

　メールを開いただけでいきなりハッキングされる可能性はあまり高くありません[23]。そのため、攻撃者はメール内に自然なリンクや添付ファイルを貼りつけて、それをクリックさせることで攻撃を仕掛けるケースがほとんどです。このとき、煽ってくるような口調を使っているかにも気を配りましょう。「早く添付ファイルを開け」「こっちは顧客だぞ」と言わんばかりの表現には要注意です。たとえば筆者なら、以下のような表現を使います。

　「申し訳ありませんが、少々急いでます。法律上の手続きに関するものですので、よろしくお願いします」
　「たびたびのお願いで申し訳ありません。以下のリンクは確認いただけまし

---

[23] 正確には、メールを開いただけで感染するマルウェアも存在します。しかしファイルやリンクを開かずに感染させるのは技術的にかなり難しいですし、ケースとしては減ってきているので、本書では全社員に注意してもらうのではなく、別の方法（アンチマルウェアなど）で対応する方法を説明します。

たでしょうか（ひょっとしたらセキュリティの設定で届いていないかもしれませんので、再送します）」

　「新たに取引先よりリンク先のような依頼が来たのですが、弊社では判断いたしかねます。お手数ですが、内容を確認してもらえますでしょうか」

　かなりあくどい書き方ですが、本当に詐欺を試みる人であれば、この程度の文章は思いつくものです。

送信者のメールアドレスのドメインが正しいか確認する

　たとえば、company.com から来るはずなのに、実際には cornpany.com だったなどです（エムでなくアールエヌと書いてあります）。冗談に見えるかもしれませんが、これもメジャーなハッキングのテクニックです。

📱 SNS・SMS 経由の攻撃をみやぶるには

　仕事の連絡はメールだけではなく、最近は SNS や SMS 経由で届くこともあります。「現場につきました」や「少々遅れます」といったシチュエーションで、LINE や電話番号を経由したショートメッセージを使うのはごく普通のことです。メールと違って、SNS や SMS にはそれぞれのサービスごとに特徴があって、サービス提供企業のセキュリティ対策レベルもそれぞれです。したがって、どれが安全でどれが危険とは一概には言えません。

　こちらもメールと同様、文章だけでは攻撃を見破ることが難しい場合もあります。まずは見覚えのない相手は疑いましょう。知っている相手であっても、これまでのやり取りから考えて自然な内容かをまず考えます。送ってきた知人と最近連絡を取っていない、といった手がかりから見破れることもあります。

　それから、リンクや添付ファイルをクリック（タップ）させようとしていないか、スマホの場合であれば、「このアプリをダウンロードしてください」と言っていないかなどに気を付けます。なんとなくいつもと雰囲気の違うメッセージだな、と思ったらすぐに Google 検索で同じような被害にあっている人がいないかを調べましょう。

　SMS や SNS で攻撃を仕掛ける場合、発信する名前を偽ってなりすますのはメール以上に簡単な場合もあります。その中でもよく使われるのが、以下のようなパターンです。

サービスを提供している会社になりすます

　たとえばLINEやFacebookなどの場合であれば「新サービスや新機能を追加したのでご利用ください」や「キャンペーンやイベントを開始します」という文面でリンクをタップさせようとします。それから「セキュリティ機能の強化のため、二要素（二段階）認証を使ってください」や「いつもと違う場所からログインしました」という文面もあります（**図5-4-2**）。これが本当のアドレスから送られてくる文章と全く同じだったりするので油断できません。

図5-4-2：SMSから誘導される詐欺サイト

乗っ取られた知り合いになりすます

　誰か1人を乗っとってから、自然な文の流れでリンクをクリックさせたり、アプリをダウンロードさせたりします（**図5-4-3**）。定型文だったり、海外からの攻撃で日本語がつたなかったりする場合もありますが、流れが自然だとこれも読み解くのは難しいところです。2019年にはTwitterのDMをばらまく「ONLY FOR YOU」というスパムが話題になり、私の知人や取引先も一斉にこれに引っ掛かり、怖いなと思ったものです。

　知っている相手から不審なメッセージが来た場合、アカウントを乗っ取られているのかもしれません。このようなときは、相手に確認をとる際に同じSNSで返すのではなく、別のSNSやメール、電話などで連絡するほうがよいでしょう。本人は情報をばらまいてしまったことで混乱していて、同じSNS

で連絡しても読んでもらえないかもしれません。また、すでにサービスの退会手続きに入っていたり、見ないようにしていたりすることもあります。

　また、自分自身のアカウントが乗っ取られてしまった場合は、1）速やかに連携アプリを解除し、2）すべてのSNSのアカウントから強制的にログアウトさせ、3）そのSNSのパスワードを変更しておく、というのが基本的な手順になります。また、プロフィール欄などに「このようなDMが来ていたらリンクを踏まないでください」と書いておきましょう。

　こうした手口はいつまでも同じものが使われるとは限りませんので、もし不審なメッセージを見かけた場合は、その文言でインターネットを検索して、信頼できるサイトに掲載された対策方法を確認し、理解しておきましょう。

　余談ですが、会社のアドレスやSNSのアカウントを載せるEightなどの名刺登録サービスが最近増えてきており、これはビジネスでは重要になってきています。しかしその反面、これらは企業への攻撃を考えている攻撃者などにとっては都合がよいものです。会社で採用する場合、不審なメッセージが届いた場合は必ずセキュリティ担当者に相談するよう伝えておきましょう。

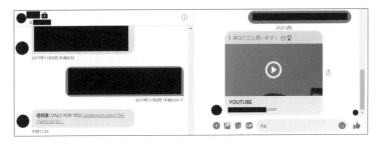

図 5-4-3：Twitter や Facebook を使った攻撃例

🔲 ファイルを安全に送るためには

　ファイルをどうやって送信するかは、難しいテーマの1つです。特にメールでやりとりしている情報が盗まれないか気になる場合は、よく検討しておくべきです。

　宛先を絞って一人一人に送ったり、クラウドサービスを使ってダウンロードしてもらったり、面倒ですがDVDを郵便で送ったりするなど、やり方はいろいろですが、最近はファイル転送サービスを使うことが増えてきています。OneDriveやSlackなどのクラウドサービスもよく利用されているようです。

これらのサービスでは、大きめのデータも簡単に送れますし、メールサーバーがいっぱいになることもありません。誤送信の際には、まだ開いていないようであれば、元のファイルを消すことで解決できます。

しかし、セキュリティの観点からすると危険な場合もあります。転送サービスで使っているパスワードが漏えいしてしまうと、やりとりしているデータが攻撃者に奪われてしまうこともあるかもしれません。

また、そうしたサービスは送受信する両者が納得して初めて利用できるものなので、全く知らない相手の場合は、メールにファイルを添付することが多いと思います。重要な添付ファイルを送る方法としては、本書では以下を推奨しておきます。

- **情報を送る前に不要な情報／必要な情報を関係者に確認する。**
- **送信する前に宛先を全員確認する（BCC の設定漏れがないか、同姓や同名の間違いがないかなど）**
- **添付ファイルは暗号化**しない

まず、奪われたら困る情報を取り扱うわけですから、添付ファイルのついたメールを出す場合は相談してから送るようにしましょう。誰にどのような目的で、どのようなデータを送信するのか、周囲に確認するのが確実です。

それから、送信先を全員確認することも重要です。相手先を誤るのは非常に多いケースで、これはどんな技術的な方法でも対策できません。値引きした価格を間違った顧客に送ってしまった場合は最悪ですし、設計図を社外の人に送ってしまったら完全な情報漏えいです。現実的にはこちらのほうがセキュリティ的に重要ですので、確認を怠らないようにしましょう。

そして最後の項目では、暗号化「する」ではなく「しない」と書いていますが、これは次の項目で説明します。

🟣 ファイルを暗号化して添付することはやめよう

本項では、添付ファイルを暗号化することの是非について解説します。まず、日本ではかなり長いこと、以下のような方法が主流となっていました。

1. 添付ファイルをzipで圧縮してパスワードを設定する
2. パスワードを設定したzipファイルをメールに添付して送信
3. 2通目のメールでパスワードを送る

　仕事でメールをよく使う人であれば、この方法を見たことはあると思います。特に官公庁などでは、この方法でなければ送付してはいけないという内規を作っている場合もあります。

　ですが、この方法は面倒なだけでなく危険なので、本書ではおすすめしません。この方法はPPAPなどと呼ばれ、たいていは悪い意味で使われます（**図5-4-4**）。というのも、次のような問題があるからです。

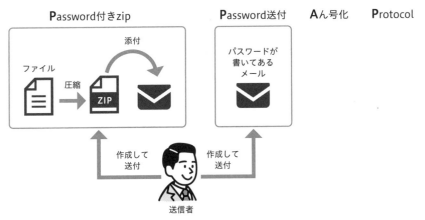

図 5-4-4：PPAP と呼ばれる添付ファイルの送付方法

情報が漏えいしたときに調べるのが大変

　会社同士の約束ごととして、万が一関係しているメールなどが漏えいした場合は、その内容を報告することは重要です。しかしメールを暗号化していると、本文や件名から検索できないため、どの情報が漏えいしたのかを探すことがとても大変です。ウイルスに感染したパソコンから外部にメールが転送されることはよくあるので、それを考えると暗号化しないほうが正解です。

この方法でマルウェアが送り込まれるとチェックできない

　メールにマルウェア付きのファイルが添付されていても、それをチェックで

きるセキュリティツールがあります。しかし暗号化がされているとこのツールはすり抜けてしまい、マルウェアかどうかをチェックできなくなります。

これらを考えると、添付ファイルの暗号化はもはや時代に合わない、かえって危険な方法だといえます。基本的には添付ファイルを暗号化する必要はありません。どうしても危険だということであれば、メールを使う以外の方法を考えましょう。

こうして見てみると、実はいろんな詐欺メールに引っかかっていたような気がする。今年度の健康診断が未受診ですってメールがたくさんくるから、どうもおかしいと思ってたんだ

少しは気をつけてください……

── 詐欺メール訓練は役に立つのか ──

受信したメールやインターネット掲示板のリンクをクリックすることでマルウェアをダウンロードしてしまう可能性については前述しましたが、ここではそのような事態を防ぐための訓練用サービスについて説明します。

こうした問題への対策として、標的型メール訓練というものがあります。外部の企業に頼んで、他の社員には予告せずに詐欺メールのようなものを送ってもらい、そのメールに引っかかるかどうかをテストする方法です。

一見して有意義なようには見えますが、こうしたサービスを実施するときは注意が必要です。たいていの場合、このサービスで引っかかってしまった人に「引っかからないよう注意しましょう」と注意をして終わるようなものが多いからです。

巧妙な詐欺メールは、かなり優秀な人間でも何度もやっていれば1つくらいは引っかかります。会社の中に1人、そのタイミングでうっかりしていた人がいたらおしまいなのです。

しかし、訓練メールを送るたびに叱責していては社員が委縮するだけで、ほとんど意味はありません。では、こういう詐欺メール訓練はどう役に立てるのでしょうか?

この答えは「詐欺メールに引っかかったときの手続きがちゃんとできているのかを調べる」です。つまり、以下をあらかじめやっておく、ということです。

● 引っかかった社員が担当者へどう報告するかを伝える

　これは引っかかった当事者が問題を見過ごしたりごまかしたりせずに、適切な担当者へすぐに連絡する方法が決まっていて、その通りに行動できるかです。その際、引っかかった当事者はどのような手順で引っかかったかを説明できるかを確認します。

● 引っかかったときの調査方法を決めておく

　たとえば、引っかかったことが発覚した際に、当事者がインターネットに接続している機器のアンチマルウェアのフルスキャンを実施したりしているかなどです。また、その手続きをだれが実施するか。各社員なのか、セキュリティ担当者なのか、などもあります。

● 結果を経営者と確認し関係者へ報告する方法を決めておく

　詐欺メールに引っかかった際、専門家や相談窓口、取引先企業、顧客まで連絡をするのか、などを決めておきます。こうした問題は経営者がリーダーシップをとって、セキュリティ担当者の報告をもとにどうするかを指示します。

◆　◆　◆

　詐欺メール訓練サービスを利用する場合、システム上チェックできるのは一番上、つまり引っかかった社員が担当者へ報告できるかだけです。しかしこうしたテストをする場合、重要なのは今挙げたようなポイントをすべて確認することです。

　防災訓練のときに、ヘルメットをかぶっておしまい、という会社はまずないと思います。やはり出口までの経路を確認しながら屋外に出て、全員の無事を確認するまでが訓練と考えるのが普通でしょう。情報セキュリティの演習やトレーニングも同様で、訓練用のサービスを買うだけではなく、それを利用して万一のときに問題を最小限に抑えられるようにしておくべきです。

テレワークや社外の仕事で気をつけてもらうこと

わが社もついにテレワークが定着したな

社長が事務所に来ないだけで私は毎週2日くらいは来てます

それなら不用心ではないな

事務所のこともそうですが、ここから説明するのはテレワークをしている側の人に危険がないように、という内容の話ですよ

　新型コロナウイルスの影響により、自宅をはじめとする様々な場所で業務を行うことが増えてきました。しかしテレワークのルールを会社がしっかり決めていなかったり、ルールは決まっていても業務に使うソフトウェアやサービスなどがテレワークに向いていなかったりする場合は、慎重なセキュリティ対策が必要になります。

　特に筆者が知る限り多いものとして、テレワークで使用するパソコンを家族も使用している、というものがあります。パソコンについては、技術的にはアカウントを分ければそれほど問題なく使うことはできるのですが、あまり良い方法とは言えません。まず仕事の仕方については、可能な限り事務所での仕事と同じようになるよう考えてみましょう。

▼ クラウドサービス、特にクラウドストレージについて

　ここではクラウドサービスについての安全な利用法を簡単に書いておきま

す。メールやSNSについては先ほど説明したとおりですので、それ以外のサービスに焦点を当てましょう。

　かつてはセキュリティに不安があったり、サービスが突然停止したりするのではないかという懸念があると言われましたが、最近では多要素認証をはじめとする様々な対策がされており、今ではいろいろな組織が業務に使うようになってきました。

　特にクラウドストレージは、インターネット上にデータを格納することで、様々なデバイスから共通で利用できるようになります。Google Cloud、iCloud、OneDrive、Dropboxなど、様々なクラウドストレージが利用されています。

　本書では、基本的に会社でのクラウドサービスの利用は当然あるものと思っています。また、取引先などからこのクラウドサービスを使うようにと指定された場合も、たいてい問題ないかと思います。

　問題は、個人で登録したものを業務で使っている場合です。これはセキュリティ的に良いことではないので、いったん利用を停止してもらいます。

個人で登録したクラウドストレージを業務用のパソコン・スマホで使うことはやめてもらう

　まず個人用のクラウドストレージを仕事で使うことは禁止にしましょう。会社で契約しているクラウドストレージを利用してもらいます。それ以外のクラウドサービス、たとえばGoogleカレンダーや、Salesforceなどの営業システム、専用のLinux OSなどの各種サービスを提供するAWS（Amazon Web Service）[24]などについても、やはり業務で指示していないサービスを勝手に使うことは予期せぬ問題を生み出しますので、何かを利用するときはつねに事前に相談するべきです。

クラウドサービスはパスワードを複雑にした上で多要素認証を使ってもらう

　会社から社員にクラウドサービスを利用してもらう場合、とにかく意識しておくべきなのは、そのサービスにログインするまでは、世界中の誰もがアクセスする可能性があるということです。対策としては、複雑なパスワードを設定

---

[24] Amazonが提供しているクラウドサービスで、クラウド上でサーバーを利用するなど、柔軟なサービスを利用することができます。

した上で多要素認証を使ってもらうことです。これらは徹底するようにしましょう。

オンライン会議ツールを使うときの注意点

新型コロナウイルスの流行以降、自宅やオフィス以外の場所でオンライン会議ツールが多く使われるようになりました。Zoom、Microsoft Teams、Google Meetなどをはじめ、様々なツールが販売、利用されています。これらは自分の会社で使っていなくても、取引先から指定されて利用が必要になることもあります。

こうしたツールは、たとえば会話の録音や映像などを関係ない人に奪われ、情報が流出することにつながる可能性があります。チャット欄などにファイルをアップロードできる場合は、それを盗まれてしまうこともありえます。また、退職した社員のIDが、元社員やそれを教えてもらった人によって悪用されることも考えられます。

こうした問題を防ぐには、次のような使い方を徹底してもらうことが考えられます。

- **暗号化機能を有効にして利用してもらう**
- **ミーティングIDを指定しておき、それを知らない限り入れないようにしてもらう**
- **招待者、参加者が適切かを確認してもらう**
- **物理的な使用場所(オフィスから入るか、自宅から入るかなど)を指定してもらう**
- **カメラを使って本人確認をする**

暗号化機能は通信を傍受されたときに、内容を奪われることを防ぎます。最近はたいていのツールに入っていますが、設定しだいで暗号化機能を解除できるものもあります。暗号化を使わない(意図的に解除する)理由はたいてい、通信の遅延を防ぐためですが、基本的には有効にすべきです。声が聞こえにくい場合は、一般回線の電話を併用することも検討します。

それから、参加者のみにミーティングIDを連絡し、そのIDを知らないと入れないように設定しましょう。YouTubeのような広く公開される動画サービスと違い、オンライン会議ツールはあくまで限定された参加者が使うことを意

図して作られている場合がほとんどです。

　また、ZoomであればパーソナルミーティングIDという、一人一人に配布されるミーティングIDがありますが、常にこれを使うことは、セキュリティ上の問題につながります。この番号が誰かに知られてしまうと、迷惑メールや迷惑電話のように不正な連絡が来る可能性があるからです。

　複数の参加者が入る公開ミーティングを実施する場合は、都度新しくミーティングIDを作ったほうが安全です。これにより、招待された参加者だけがミーティングへの参加方法を受け取り、参加することができます。

　会議を始めるときは、招待者と参加者が正しいかを必ず確認しましょう。見覚えのない人が入っていたら、その人はファイルを盗んだり話を盗み聞いたりしようとしているのかもしれません。招待を通知するメールなどを事前に送り合うと思うのですが、そこで参加が確定したメンバーが入っているか、招待したメンバーと違う場合は誰なのかわかっているかを確認してもらいます。

　加えて、周りに仕事と無関係な人がいるようなカフェではオンライン会議は避けましょう。しゃれた新しいビジネススタイルに見えるかもしれませんが、恰好よりも会議の内容が聞こえないようにする方が重要です。シェアオフィスなどを利用しているのであれば、防音設備のある個室を予約しておきましょう。

　最後の注意点として、参加者とその居場所を確認するため、会議が始まったら、お互いに映像を一度はオンにしてもらうことはやっておきましょう。顔や服装、自室などを見せるのは気が向かない、という人も多いかもしれません。しかしセキュリティの観点からは、お互いに顔を見ておくのは重要なことです。自分以外の周囲の様子を見せたくない場合は、バーチャル背景を使いましょう。

　これにより、見覚えのある相手か、名前と顔は一致しているか、その人は参加する予定があったか、背景に不審なところがないかなどがわかり、情報流出を防ぐことができます。お互いの表情がはっきり見えることで商談がうまくいくことにもつながります。

🔻 出先でWi-Fiを使う

　外出先、たとえば空港やカフェ、ホテル、図書館などに設置してある無線LANを利用することは、現在のセキュリティ状況を考えるとおすすめできません。

　お金はかかりますが、なるべくスマホのテザリングや会社で貸与した無線LANルーター（モバイルルーター）を使いましょう。その際、WPA2以上の強い暗号でパスワードを設定しておきましょう。

　街中にあるWi-Fi接続サービスは多くの人が使っているものですが、セキュリティという観点から考えた場合、Wi-Fi経由のインターネット接続は、容易にハッキングができます。いろいろある危険性の中でもダントツなので、これだけはやめるべきであると明言しておきます。有料か無料か、暗号化しているかどうかにかかわらず、使うのは避けた方がよいでしょう。

　これは「悪魔の双子」という攻撃方法があるからです。この攻撃手法は、パソコンやスマートフォンなどで無線LANを使うときに、Wi-FiのSSIDを選ぶ画面を見たことがあると思います。攻撃者はこの名前と同じ偽のSSIDを偽装して、接続されたパソコンやスマートフォンなどのデータを盗む方法があるのです。

　会社の無線LAN機器を偽造されて事務所の窓のそばなどに置かれた場合は、対策することが可能です。接続する側のパソコンやスマホが、会社のアクセスポイントへ、常にWPA2などの強い暗号化を使用して接続するよう設定しておけば問題ありません。

　問題なのは、ホテルやカフェなどでよく見られる、ログイン用ポータル画面を用意しているタイプのWi-Fiです。もし攻撃者が偽のポータル画面を設置してしまえば、ユーザー名、パスワード、そしてやり方によってはクレジットカードの番号なども抜き取れます。また、マルウェアをダウンロードさせれば、そのデバイスを乗っ取ることもできるでしょう。

　2016年のリオデジャネイロオリンピックでは、リオ市内のショッピングモールやホテル、空港などあらゆる場所に偽アクセスポイントが設置され、スポーツの祭典ならぬハッカーの祭典と言われました。こうした問題に対応するためには、社外の接続サービスを避け、WPA2を自身で設定した無線LANルーターやスマホのテザリング機能を利用する以外には、ほぼ有効な方法はありません。社外で仕事をする社員へはこの危険性を十分に伝えるようにしておきましょう。

🎤 社外での会話・行動

　エレベーターや電車など、社外での会話にも注意すべきです。目の前に同僚がいるとつい社内のような気分で会話してしまいますが、これは良い習慣では

ありません。

　また、居酒屋などで社内の情報を話す人も少なからずいますが、こちらも良い習慣とは言えないでしょう。機密情報が漏れることにつながるばかりでなく、会社の評判も落ちます。

　こうしたことは、新人研修で扱われるビジネスマナーなどにも必ず含まれるテーマです。多くのマナー研修は本当に役立つのかと言われがちですが、このマナーだけは間違いなく重要です。

- 社外では機密情報や個人情報を含む発言は控えてもらう
- 周囲に不審な人がいないか気を配る
- 関係者以外がいる電車、喫茶店、エレベーターなどでは業務の話題を出さない

　これらはどこかのタイミングで全社員に伝えておくべきでしょう。

　このほか、一般的な常識として、社外では会社に関係するものが他の人から見えないようにしておくことも、社会人の基本です。社員証を下げたままコンビニに行くことなどもできるだけ控えましょう。

　筆者が喫茶店で目撃した会社員の行動として「会社のことを電話で話したあとで」「ノートパソコンの画面を開けっ放しにして」「スマホを席においたまま離席し」「さらに社員証までその席に置きっぱなし」というフルコースをやっていた、というものがありました。仕事が忙しくて仕方がないときも、慎重な行動を忘れないようにしましょう。

― QRコードを悪用する攻撃 ―

　これは社外に限定されるものではありませんが、最近増えてきた手段として、偽のQRコードを本当に貼るべきQRコードの上にかぶせるように貼り、目的のサイトへ誘導するという手口が出てきました（**図5-5-1**）。

　URLであれば、その文字を見ることである程度おかしいのではという推測もできますが、QRコードは人間には全く読むことができません。これを悪用して、オーストラリアでは新型コロナウイルスの情報を共有するポスターにワクチン反対派のQRコードを貼り付けられていたという事件があり、中国では攻撃者が自転車のシェアサービスにQRコードを貼り付け、利用料金を盗む事件が発生しました。

　QRコードをスキャンする場合は読み取ってから映し出されるリンクを見て、安全なURLかどうかを確認しましょう。短縮URLなどを使われている場合、リンク先を見ただけでは接続先を判断することはできませんので、Googleで関連する用語を検索してしまったほうが安全でしょう。

　また、これとは別のパターンとして、スマホに電子決済のQRコードを表示して支払いをするということも最近はよく見るようになりました。このときに、表示したQRコードを他の人が撮影してしまうと、悪用できる場合もあります（**図5-5-2**）。必要のないときに決済用のQRコードを表示しないということも意識しておきましょう。

　攻撃者が実際に近づいて、あるいは物理的な工夫をしてサイバー犯罪を実行するということは、まだなかなかピンとこないかもしれません。しかし、そうした心理の隙をついた攻撃こそが、最近の犯罪の傾向だといえます。

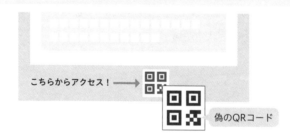

こちらからアクセス！ →

偽のQRコード

図 5-5-1：偽の QR コードを読み取らせる

被害者

決済のために
QRコードを
差し出す

攻撃者

自分が別のことに
利用するため
被害者のQRコード
を読み取る

図 5-5-2：他人の決済用 QR コードを読み取って悪用する

喫茶店でWi-Fi使えないのは苦しいなあ。テレワーク中の唯一の楽しみなのに

それなら、暗号化をしっかり整備しているカフェを選んで、常にそこに通うのはどうでしょうか。それか、モバイルルーターやテザリングを使うとか

仕方ない、コーヒー代をケチって家で仕事するか

唯一の道楽にしてはあきらめがいいですね……

内部不正を防ぐために

内部犯罪は怖いよなあ

事件になってないだけで、実は結構ありそうですよね

ということは、いろんな事件の犯人はおまえか

もうすこし部下を信頼してください……

　これまでの説明では、主に外部の人間が会社を脅かす行為に対してどうするか、ということを述べてきました。しかし現実的な話として、重要なセキュリティ問題の大半は、実は内部の人間に起因するものです。

　図5-6-1のグラフからわかるように、意図的な犯罪は比率的にそれほど多いわけではありません。しかし、ついうっかりでミスしてしまうことはよくありますし、そのうっかりのために大きな被害につながるような仕事の仕方をしていたら、と思うと、ミスを見越した対策が必要です。

　また、比率的には少なくても、内部犯罪はほかの攻撃と違い、企業の状況をよく理解していて、何をどうすればお金に換えることができるか、会社にダメージを与えられるかがわかっているケースが多いと思います。また、特に大したITスキルがなくても実行できてしまいます。

　これらを考えてみると、社員の人事プロセス、つまり入社や退社時におけるセキュリティの説明は非常に重要です。社員がルールを理解しないまま仕事をしたり、会社の重要資産を持って次の会社に行ってしまったりすると、直接的な損害にもなりますし、会社の価値を落とすことにもつながります。

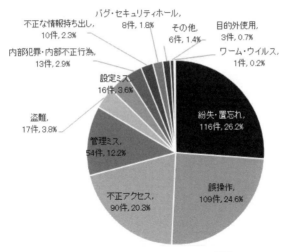

図 5-6-1：漏えい原因の比率[25]

💬 社員の採用時における身元調査について

社員の採用時には、まずはその人の身元と職務経歴を確認します。法律や条例で許容されている範囲内なら、前職に電話やメールなどで連絡して、素行や性格などを把握しておくことは違法ではなく、実施すべきです。

ただしその調査方法が本人に知らされなかったり、本人の合意があっても脅迫的であったりすると、違法性が出てきます。厚生労働省では公正な採用選考を行うため、以下の調査は本人の承諾を得たうえで実施すべきとしています。

- **職務経歴書の真偽**
- **退職理由**
- **空白期間がある場合の調査**

これらについて、現実的には、確実に正しい情報が得られるとは限りませんので、退職理由を確認する方法として、本人を通じて前職の「退職証明書」を発行してもらうのがよいかと思います。「自己都合」か「会社都合」かは把握で

※25 画像は以下の資料から抜粋したものです。
JNSA. 「2018年 情報セキュリティインシデントに関する調査報告書【速報版】」.
https://www.jnsa.org/result/incident/2018.html

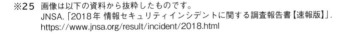

きますし、もし相当な問題があった場合は、前職との会話から察することもできます。

　また、身元調査で以下のようなことを調べるのは、厚生労働省は「配慮すべき」としていますが、本書ではプライバシーを重視し、聞かないほうが良いとします。

- **本籍・出生地**
- **思想 (政治観・宗教観・人生観)**
- **家族の情報**
- **参加している労働組合**
- **参加している学生運動**
- **生活環境・家庭環境**
- **尊敬する人物**
- **購買している新聞や雑誌、愛読書など**

　このようなことを無理に聞き出そうとすると法律に触れますし、ただ質問するだけでも会社の価値を下げます。つまり、別の意味でセキュリティ問題にもつながるといえます。その質問が組織の運営に直結する (たとえば、政治団体が具体的な政治思想について質問するなど) 場合は問題ありませんが、多くの会社ではここまで聞き出す必要はないはずです。

社員の入社、昇進時に考えておくべきこと

　次に考える必要があるのは、社員の入社や昇進時に、その社員が持つ権限や、問題を起こされたときの対応方法をどうするかです。

　当たり前ですが、権限が大きいほど会社に与えることができる被害も大きくなります。また、夜勤など事務所で1人になる時間がある社員、IT関連の業務に従事している社員も、不当に会社の資産を持ち出すことが可能です。常に疑いの目を向ける必要はありませんが、社員ができることの範囲と、それを実行したときにどうなる可能性があるかは把握しておきましょう。

　社員の権限を考えたら、次はシステムなどへのアクセス権のうち、どれを設定するべきなのかをIT担当者が調べて、適切なものを付与します。

　また、各社員にセキュリティやプライバシーについて説明しておくことも重要です。内容としてはセキュリティポリシーだけでなく、社員が具体的に行動

できるようにするため、たとえば以下のようなことを書いておきます。

- 会社からの貸与物の取り扱い、特に紛失・盗難時に必要な手順の説明
- 社外への訪問や社内への来客に対して必要な手順の説明
- 会社の機器を利用する際の制限の説明
- 与えられているアクセス権の説明
- パスワードの管理方法や社外での会話など、セキュリティに関する一般的な教育

　これらは入社時・昇進時だけでなく、定期的（1年に一度程度）な説明会を開くことも考えましょう。

　最後に、会社で知った情報を流出させないことを誓約する書類を作成し、署名してもらいます。経営にかかわる立場の人が入社するときは特に注意します。こうした人は社長との信頼関係から入社するという場合もあるため、普段のチェックは省略してもよいと考えられがちです。しかし当然のこととして、会社の中枢にいる人物こそ正しい認識が必要なはずですので、例外は作らないようにしましょう。

▶ 社員の退職時に考えておくべきこと

　社員の退職時には、情報流出が起きないよう検討する必要があります。やや古い情報ではありますが、**表5-6-1**にもあるとおり、退職者による不正は多く、その要因は在職時の不満が大きいと言われています。退職の数週間前から機密となる情報を少しずつ持ち出し、転職先で利用したり、非合法な産業に売り払ったりすることが多いようです。

　こうした問題を防ぐには、以下のような作業が必要です。

- 会社から貸与したパソコン、スマートフォン、アクセスカード、鍵、IDカードなどを返却してもらうこと
- 様々なサービスへのアクセス権を無効化または削除すること[26]
- 会社で得た情報を他社に流したりしないよう伝え、誓約書を書いてもらうこと

---

[26] 再入社を考えると、削除しないほうがよい場合もあります。ですが、有償のサービスを利用している場合はアカウントをいつまでも残しておくと課金される場合もありますので、検討の上、不要と思った場合は無効化してから数か月経ったら削除するということでよいかと思います。

　退職時の説明や誓約書により、この会社はセキュリティを大切にする意識があると明言することで抑止力は生まれます。しかしより重要なポイントとして、退職者の不満が犯罪につながるということをよく理解し、良い関係を維持するべきと言えます。

　ただし、あきらかに社員が故意に会社に損害を与えたり、反社会的な行為を繰り返したりするため、やむをえず会社を去ってもらう場合は、即座に出社を禁じて一切会社のものに触れないようにさせる、いわゆるロックアウトを行う必要があります。この行為自体は、「会社と対立し機密情報を漏らす恐れ」が理由の場合は違法ではないとされています。もちろん単なる業績不振など、会社の都合だけだと強制的な手段は採れませんので、事前に法律の専門家に相談しておきましょう。

　返却してもらったパソコンやスマートフォンについては初期化するなどの作業に入るとは思いますが、役職の重要性に応じて、作業履歴を確認することも検討します。

表1　2014年〜2015年に報道された内部不正事件

報道 時期	不正 行為者	動機	結果	概要
2015年 10月	職員	仕事や勉強 に利用	停職6ヶ月	市民の個人情報を含む行政情報等のファイル約220万件を、職場に貸与されたUSBメモリを使い不正に持ち出し、自宅に保管していた。
9月	職員	私的な開発 に利用	懲戒免職	市職員が、約68万件の有権者情報を無断で自宅に持ち帰り、外部に流出させた。
4月	退職者	転職先での 利益取得	逮捕※	元社員が、競合会社に転職する際、営業秘密である機械の図面データを不正に持ち出した。
2月	退職者	転職先での 利益取得	逮捕※	元社員が、営業秘密である情報を不正に取得し、自分のハードディスクに複製した。退職後は海外企業に転職していた。第三者提供は確認されていない。
1月	退職者	転職先で役 立てるため	逮捕※	元社員が、販売戦略に関する営業秘密を不正に取得した。
2014年 7月	委託先社員	金銭取得	逮捕	顧客データベースを保守管理するグループ会社の業務委託先の社員が、約3,504万件の個人情報を不正に持ち出し転売した。
5月	委託先社員	自社の利益 享受	懲戒解雇	ネットワークシステムを保守管理する委託先の社員が、権限を悪用し委託先の情報を不正に入手、自社の入札活動に利用した。
3月	業務提携先 退職者	処遇の不満、 金銭取得	逮捕※	業務提携先の社員が、機密情報を不正に持ち出し、転職先の海外企業に提供した。

※不正競争防止法違反による

（報道により公表された事例をIPAがまとめたもの）

表 5-6-1：報道された内部不正事件[27]

※27　画像は以下の資料から抜粋したものです。
　　　IPA.「内部不正による情報セキュリティインシデント実態調査」.
　　　https://www.ipa.go.jp/files/000051140.pdf

内部犯罪も怖いけど、他人の悪事を調べたり暴いたりするのも怖いなあ

胃が痛くなる話ですよね。仕方ないときもあると思いますが、私もできれば関わりたくないです

どうして内部不正は起きるのか、
誰が起こすのか、どうすれば起こさなくなるのか

セキュリティに関する報道では、よく「外部からの」「高度な技術を使った」「大金を狙った」犯罪が取り上げられますが、その一方で「内部からの」「スキルがほとんど必要ない」「金銭目当てでない」犯罪もあります。

たとえば待遇に不満がある部下が、上司のパソコンを勝手に開けて私用のメールを見つけ、SNSで暴露するなどです。このような内部不正の被害は、時には外部からの攻撃によるものよりも大きくなります。

また、そもそも知らなかったり、知ってはいたがうっかり違反してしまったり、というケースもあります。業務が忙しいので仕方なくやった、という場合もあるでしょう。こうした問題を、社員が本来できる権限の範囲でやってしまった場合、セキュリティ製品では対策できません。しかもこうした問題は組織の内部で処理されることが多く、実際は報道された数よりも多いと考えられます。実際に筆者も何度も見かけたことがあります。ある意味では世間を騒がせるハッカーよりも怖いかもしれません。

同僚を信用するなとは言いませんが、知財、つまり特許や商標、意匠、プログラムコードなどを扱う企業では、出来心が湧かないように管理をしておくべきです。

対策方法としてまず考えられるのは、情報の持ち出しができないよう制限することです。IPAの内部不正に関する調査[28]によると、持ち出し時に利用されるのはUSBフラッシュメモリが最多でした。繰り返しになりますが、こうした外付けデバイスは制限したほうがよいでしょう。

ところで、どのような立場の人がこうした不正をするのでしょうか。これについても先ほどの調査から、**図5-6-2**のような結果が得られています。

驚くべきことに半数以上がシステム管理者、つまり本書の読者と思われる方です。つまり、まずは自分からセキュリティ不正を起こさないよう努めるぞという自覚が必要ということです。

このような心掛けにつながる考え方として、自動車教習所の免許の更新時に見るビデオを思い出してみましょう。人をはねてしまって補償や罪悪感で一生を台無しにする憂うつな映像は、せっかく新しい免許をもらっても暗い気分になるものですが、そのときに持つような意識がセキュリティの分野でも求められます。会社を破綻させ、複数の人が職を失ってしまうという事態は、交通事故に比べれば間接的ではあるものの、やはり避けたいものです。

※28　IPA.「内部不正による情報セキュリティインシデント実態調査」.
https://www.ipa.go.jp/files/000051140.pdf

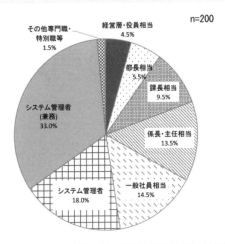

n=200

図 5-6-2：内部不正事件についての役職ごとの内訳[28]

5-7 IT 技術では防げない その他の問題

最後は IT 以外についての対策か

一般的な問題ですね。常識の範囲ですけど、それでも大切なことがあるかもしれないので、一通り見ておきましょうか

　セキュリティ担当者が日々考えなければならないことというのは、ほかにもあります。まずは盗難・暴力・詐欺などの一般犯罪です。それから社会的な問題、たとえばSNSの炎上や、フェイクニュースなどの対策です。

　多くのセキュリティ関連の書籍には、こうしたことはあまり書かれていません。しかし会社の安全を守るという意味では、広義のセキュリティといえます。

一般犯罪（窃盗／空き巣／ひったくり／詐欺など）の対策

　情報セキュリティ的な観点とは異なる一般犯罪について、比較的頻度の高い窃盗やひったくり、詐欺についても書いておきます。

　対策はさまざまですが、それでもセオリーがあります。たとえば犯人は、下見をしながら、いつ犯行に及ぶのか計画を立てているかもしれません。玄関のドアやポスト周辺に落書きのような記号や数字などが書かれているときは、犯行に使うための情報を示している可能性があります。こうしたものを見かけたらすぐに消してしまいましょう。

　侵入については、戸締りをしてある夜もですが、鍵が開いている昼に忍び込むケースもあります。事務所にいるとき、入るときに窓ガラスが割れている、変な音が聞こえるなどに気づいたら、1人で行動せずにすぐ外へ出ます。場合によっては裏口や窓から外に出たり、防災用の避難はしごなどを使ったりすることも考えます。

　地域の犯罪情報や過去に起きた事件について、普段から情報を共有しておく

ことも重要です。また、万が一、オフィスや社用車が荒らされて盗難にあったことがわかったら、盗まれたものを可能な限り正確に把握します。これは保険などに入っている場合、あとから補償を受けるためでもあります。

　屋外であれば、危険そうな場所には近づかない、危険そうな人と関わらないのが第一です。

　緊急性はこれらより下がりますが、電話だけで実行する特殊詐欺などにも気をつける必要があります。明らかに怪しい場合は一切関わらないようにし、そうでなくても電話だけではなく、詳細な情報を渡す前に本人確認をすべきです。

　確証が持てないが、詐欺かもしれない相手に電話をかけなければならないときは、電話番号の前に184をつけて発信し、すぐに名前をかたらずに要件を先に聞くようにしましょう。

　それから、実際にオフィスへ侵入されてしまう、という可能性も考えてはおくべきでしょう。簡単には信じられない話かもしれませんが、これも現実にはある話です。この場合、攻撃者は清掃業者や電気工事関係者、検針員を装ったりします。そして「ああ、遅くなってすいません、すぐやるので入れてもらえますか」などと言われると、意外と人間は素直に騙されてしまうものです。

　筆者の身近なコンサルタントにも、会社の依頼を受けてこのような方法で侵入が可能か確める仕事を請け負う人がいますが、たいていは成功しています。侵入後はオフィスのパソコンにUSBメモリをさりげなく挿したり、盗聴器や偽のアクセスポイントなどを設置したりして、あっさりと情報を奪えてしまう場合がほとんどです。

　それから暴力行為を伴う犯罪に遭遇した場合についても、簡単に補足します。まず加害者と話が通じそうな場合は視線を合わせながらはっきりとした声でなだめます。通じそうになければ説得や交渉、取り押さえることは避け、高齢者など優先的に保護が必要な人から先に逃げてもらい、それから自分も逃げます。それが不可能ならいったんその場では要求に従い、機会を見つけて逃げましょう。

　可能であれば、スマホで110番を押して通話中の状態にしておきます。相手が車を用意している場合は、絶対に乗らないようにします。つかまれたり組み付かれたりしたら、大声を出しながら全力で抵抗することで、助かる可能性は上がることが知られています。

　粗暴犯の対策については、自衛にこだわるのはやめましょう。特に暴力は、はっきり証拠が残る犯罪ですので、可能な限り迅速に警察に通報しましょう。

🛡 デマ／フェイクニュース／不正広告などについて

いわゆるグレーゾーンな話題ですが、デマやフェイクニュースのような流言飛語の類にも注意すべきではあります。新型コロナウイルスのまん延時には、それを騙った不正な攻撃だけでなく、デマを信じてしまった人が間違った情報を拡散したり、十分な調査検証がされていない報道が発信されてしまったりという光景も見られました（**図5-7-1**）。

こうした問題に対しては、まずは社員にはデマを警戒してもらい、話題に出したりすることは自主的に避けるよう伝えておくようにしましょう。具体的には、以下のようなことを伝えておきます。

- **本当かウソかはっきりしない情報はソース（情報の出どころ）をはっきりさせる**
- **社内にデマ・フェイクニュースと思われる情報が流れたときは、ためらわず指摘する**
- **他人からデマ・フェイクニュースではないかと指摘されたときは、いったん落ち着いて考え直してみる**

珍しい情報や面白い情報を見つけたときは、つい周りに言いふらして驚いてもらおうと思ってしまうのが心理ですが、間違った情報であれば、それが仕事に響いてしまうこともあると意識しましょう。

また、業務で商品を購入しようと思ってアクセスしたサイトが違法商品を販売している場合もあります。広告は意外と法律が守られておらず、たとえばマッサージや健康食品関係などには健康被害を防ぐための制限がかけられているのですが、無資格者や順法意識に乏しい経営者が、それらを無視した不正な広告を掲示していたりします。

こういったグレーなサイトについての問題は、セキュリティ製品やサービスで直接対策することは難しいです。疑わしいな、怪しいなと思ったら、次のようなことを意識して下さい。

- **複数の人でサイトの内容を確認する**
- **わからなければ関係機関に連絡をとる**

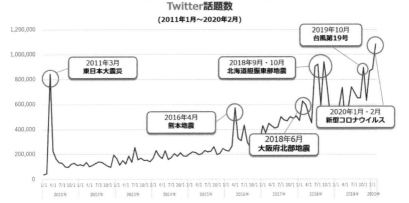

「デマ」「フェイクニュース」関連
Twitter話題数
（2011年1月〜2020年2月）

2011年3月
東日本大震災

2016年4月
熊本地震

2018年6月
大阪府北部地震

2018年9月・10月
北海道胆振東部地震

2019年10月
台風第19号

2020年1月・2月
新型コロナウイルス

図 5-7-1：デマ、フェイクニュースの件数[29]

SNS での発信について

　TwitterやFacebookなど、多くの人へ向けて発信するサービスを利用することは、マルウェアに感染することとは別のセキュリティ問題につながります。普段からSNSの利用について会社としての方針を決めておくことが重要です。実際には以下のようなルールを作っておくことになるかと思います。

- 会社の広報アカウントではプライベートな情報の発信を禁止する
- デマ・誹謗中傷などにかかわらないようにしてもらう
- 著作権や肖像権・プライバシーを侵害させない
- 人種や性別、特定の思想、宗教などの差別につながる発言をさせない
- 会社の方針と異なる発言を控えてもらう

　プライベートも含め、SNSには勤務先の情報を投稿しないように伝えておきましょう。これは自分がどこの会社で何をしている人間か特定されないためです。攻撃者はこのような情報を最初に探してきます。問題のある発言をした社員がどの会社に所属しているかが分かった場合、会社全体の信用低下や取引を失うことにもつながります。これは不特定多数へ発信する自社のWebサイ

※29　画像は次の資料から抜粋したものです。イー・ガーディアン株式会社.「デマ・フェイクニュースに踊らされないようにするには？」.https://www.e-guardian.co.jp/blog/20200407.html

トやYouTubeなどの動画サービス、ブログ、掲示板、メールマガジン、メーリングリストなどでも同様です。

　自分では情報をぼかしていても、つながりがある複数のメンバーの情報からたどっていくと身元が特定されてしまうこともあります。こうした問題を防ぐには、次のような確認が必要です。

- **実名を公開したり、実名に基づくニックネームを利用したりしない**
- **公開範囲設定（全員に公開、特定グループだけに公開、自分だけ見られる）を再確認する**
- **位置情報や位置が特定しやすい写真を公表しない**

　1つ目の項目は、実名で運用することの多いFacebookやLinkedin、Eightでは難しいと思いますが、それらを使う場合も二つ目の公開範囲設定については特に注意するべきです。

　また、広報担当者や自営業者など、個人名でSNSを利用しなければ仕事にならないような職種もあります。このような場合は、節度をわきまえて使うことになるでしょう。

　ともかく、SNSはプライベートとビジネスでは使い分けましょう。普段は切り替えを徹底しているとは思いますが、いわゆる誤爆には注意することが第一です。

誹謗中傷の削除や炎上について

　掲示板やSNSなどに会社の誹謗中傷を書かれることもよくあるトラブルです。このような問題のある書き込みは、その管理者や運営会社、データを保管しているサーバー会社などに、削除依頼をすることになります。

　やり方としては、あてはまる書き込みのURLと、書き込みを消されたときのためにスクリーンショットや写真などを撮り、対応してもらうよう頼むのが基本です。自分の会社名や担当者名も書いておいたほうが対応が早くなる可能性があります。連絡用のフォームがない場合は、プロバイダ責任制限法関連情報Webサイト[30]を利用して「送信防止措置依頼書」を送付します。

---

[30] プロバイダ責任制限法関連情報Webサイト. 「プロバイダ責任制限法関連情報Webサイト」. http://www.isplaw.jp/

削除依頼の際には、関係するサイトのガイドラインにも目を通しておきましょう。たとえばこの手の話題に事欠かない匿名掲示板の「5ちゃんねる」では削除ガイドライン[31]が定められています。

　こうした方法で削除ができない場合は、警察や法務局、地方法務局の人権擁護課などに相談して対応方法を検討しましょう。そこから先はケースによりますが、基本的には裁判所に仮処分を申し立てることになるかと思います。

　次に、発言やWebに載せた内容が本当に不適切で、炎上してしまった場合ですが、原因や責任の一部は当事者にあるにしても、無関係な人が煽りに拍車をかける行為がやりすぎであるということもよく言われています。インターネット上でこうした事件は日々起きており、ある意味では一番身近な問題かもしれません。

　対応自体はシンプルです。

- **法律や条例に抵触することをしてしまった場合は、法律の専門家に相談してしかるべき手続きをとる**
- **法律やモラルに抵触する部分についてのみ、誠意をもって、簡潔に謝罪する**
- **それ以上何もしない**

　重要なのは適切な謝罪ですが、過度の責任を取らないことも気をつけましょう。

　これでたいていは収束するものですが、あまりにも目に余るようであれば告訴や訴訟などの方法が考えられます。ただしこれは慎重に実施するべきです。被害者側には特に利益はありませんし、受理されるかはケースによります。傍から見ても相当に悪質だと思っても、不起訴で終わるということも珍しくありません。

　法律関係の手続きは失敗するとお金も時間もかかり、さらに相手との関係修復は絶望的になるなど、かえって問題が大きくなってしまうこともあります。明らかに業務に支障があり、誹謗中傷によって売り上げや社会的な信用が落ちることを確信できる場合のみ考えましょう。

　もし法律上の対応を始めるのであれば、何をしているのかを社外に漏らすこ

※31　5ちゃんねる.「削除ガイドライン」.
https://info.5ch.net/index.php/%E5%89%8A%E9%99%A4%E3%82%AC%E3%82%A4
E3%83%89%E3%83%A9%E3%82%A4%E3%83%B3

とはやめましょう。相手を脅したい気持ちから「警察や弁護士へ相談したぞ」とわざわざ言う人がいますが、意味がないばかりか、相手に対策されてしまいます。訴訟や告訴は商取引のように相手の出方を伺いながらではなく、やると決めたら電撃的にやるべきです。

一番大切なのは常識を守ること

いよいよ本書も最後になりました。これまでセキュリティ対策のテクニックをいろいろと書いてきましたが、セキュリティ問題の回避において、一番大切なことは、日常の業務の中で次のような点に気をつけることかもしれません。

- **揚げ足を取ったり煽ったりしない**
- **他人の悪口を言わない**
- **毎日機嫌よくすごす**

「セキュリティ被害にあったかも」と思ったら、まずは社内に情報を共有しなければなりません。職場の雰囲気が悪いと誰にも相談することができず、問題が小さいうちに解決できたことが、情報を共有しないことで膨れ上がってしまうというケースにもつながります。相手が名前も知らない海外の攻撃者であったとしても、実際にセキュリティ対策をするのはあくまで社内の人間なのです。

荒んだ空気の中では、何かの問題を解決するのは難しいものです。いったん社内に悪い文化ができてしまうと、社員が取引先に自分の会社の悪口を言ったり、競合企業への転職が増えたり、共有フォルダのデータを盗んだりといったことが徐々に常態化し、セキュリティに投資しているかどうかにかかわらず、余計なリスクを抱えてしまうことになります。

セキュリティは、日々、問題なく仕事を続けるためのものです。余計な面倒ごとを減らし、本来の業務に集中するための方法です。そうするためには、まず何か起きたときに社員同士がしっかり話し合えるようなムードを作ることも大切に考えるべきでしょう。

当たり前のことをやれということだな

そういうことですね

でもまあ、意外とできてない部分もあるよな

そうですね。でもきっかけはつかめたので、あとは
日々実践していくだけですよ。がんばりましょう！

── 対策しようがないことはあきらめるべき？ ──

　2020年9月にドコモ口座やPayPay、Kyashなどの電子決済サービスで、ゆうちょ銀行その他で不正な引出しがあったというニュースがありました。被害者の銀行口座情報を使って、攻撃者が勝手に電子決済サービスにチャージをできる、というものでした。

　この事件ではリバースブルートフォースという方法が注目されました。銀行の暗証番号は4桁の数字で0000〜9999までの数字のどれかなので、この部分がポイントになりました。

　攻撃者はまず電子決済サービスを作り、次に不正に入手した誰かの口座情報へ誕生日など使われそうな数字（たとえば0123など）を1つ決めておき、決済サービスと口座の接続を試みるのです。たいていは失敗しますが、それでも1万人に1人くらいは登録に成功してしまいます。

　こうすると、攻撃者は他人の銀行口座に勝手に接続することができるようになり、勝手に作った電子決済サービスに次々とお金を入れて使うことができます。被害者の立場からすると、電子決済サービスを使っているかいないかに関係なく、銀行に口座を持っているだけでお金を奪われてしまうのです。

　このような攻撃にはどう対策すればよいのでしょうか。フィッシング詐欺やスキミングは、気をつけることである程度対策にはなりますが、このリバースブルートフォースは、暗証番号だけで登録できてしまう電子決済サービス側の問題なので、気をつけてもどうにもなりません。

　実はこの犯罪については、被害者の側に落ち度はないのです。銀行と電子決済サービスの連携方法の問題、特に銀行側がセキュリティをきちんと考えていないということが問題なので、このケースのような被害を受けたときは銀行に被害額を請求して支払ってもらうしかありません。

　自衛は重要ですが、限度があります。自分以外の組織に問題がある場合は、堂々と抗議しましょう。たいていの場合は法律や常識が味方してくれるはずです。

さいごに

　小さな会社向けのセキュリティ対策の書籍はたくさんありますが、そうした中で私が本書を出したのは、とにかく多くの人に一歩を踏み出してもらいたいからです。

　セキュリティ対策とは製品やサービスを購入することではなく、恰好をつけるためのものでもなく、何かが起きたときに言い訳をするためのものでもありません。セキュリティ対策とは、現実に存在する犯罪を防ぎ、万が一の被害を最小限に抑えるための方法です。

　現代社会において、サイバー犯罪を組み合わせた詐欺や業務妨害は、無視できるものではありません。かつてはセキュリティを意識している会社というのは、なにか後ろめたいことをやっていたり、必要以上の被害妄想を抱えていたりという印象があったかもしれません。しかし時代は変わり、会社のセキュリティを考えることは、売り上げを伸ばしたり税金を払ったりするのと同じレベルで、当たり前のことになっています。

　それにセキュリティ対策は会社の信頼にもつながります。最近の大手企業は、攻撃者が小さな取引先のシステムを乗っ取り、そこから大企業の機密情報にアクセスされないかということを気にしています。また、多くの一般のお客さんも、物を買うときに、安心できる会社から買っているかを気にしています。

　このような中で「私たちはセキュリティを意識し、消費者や取引先、社会に被害がないよう、日々努力しています」と伝えられることは、とても重要です。

　本書ではゼロの状態からスタートできること、完璧、網羅的、徹底的な対策は目指さないこと、という方針でまとめました。大変残念なことではありますが、この国ではセキュリティが必要だと自覚していても、時間やお金がない、人がいない、という理由で、ゼロのままになっている会社が少なくないといえます。そこで、少しでもセキュリティの底上げができれば、という思いで執筆しました。

　その一方で、セキュリティに関係するどういう理論があり、どういう技術が……といった話題は大胆に省きました。IT用語を一般的な言葉に置き換え、セキュリティの三要素や認証の定義も省略しました。その代わりに交通安全や防災のように、危険を避ける意識を自然に生活へ取り入れることを目指しました。

　みなさんがセキュリティ対策へ取り掛かるうえで、本書がすぐに役立つことを願っています。

梧桐彰　拝

付録

実際にセキュリティを始めるためのテンプレート

ここでは、セキュリティ計画のテンプレートファイルや質問シートなどのサンプルを用意しました。

各シートは本書のサポートページからMicrosoft Wordのdocx形式でも提供していますので、自由に書き換えて使っていただいてかまいません。特殊なOSを使っていたり、会社で推奨されているWebアプリケーションやクラウドサービスなどを使ったりしている場合は、項目を置き換えて使ってください。

業務用品の調査シート

業務で使用している物品を確認して、右の欄に〇をつけてください。

持ち物	所属	社外利用	備考（修理中、紛失、複数あるなど）
（例）パソコン	⊂支給⊃・私物・不明	⟨有⟩・無	
	支給・私物・不明	有・無	
	支給・私物・不明	有・無	
	支給・私物・不明	有・無	
	支給・私物・不明	有・無	
	支給・私物・不明	有・無	
	支給・私物・不明	有・無	
	支給・私物・不明	有・無	
	支給・私物・不明	有・無	
	支給・私物・不明	有・無	
	支給・私物・不明	有・無	
	支給・私物・不明	有・無	
	支給・私物・不明	有・無	
	支給・私物・不明	有・無	
	支給・私物・不明	有・無	
	支給・私物・不明	有・無	
	支給・私物・不明	有・無	
	支給・私物・不明	有・無	
	支給・私物・不明	有・無	
	支給・私物・不明	有・無	

※リストになくても業務上ないと困るものがあれば書き足してください。
※個人の衣類や文房具、カバンなど、なくても簡単に替えが効くものは書かなくてかまいません。

パソコン・スマホの調査シート

普段の仕事で使っているパソコンやスマホ、タブレットについて質問します。1台あたり、1枚を使って答えてください。

■ **あなたの名前を書いてください。**

■ **調査対象のパソコン／スマホ／タブレットの管理番号、またはシリアルナンバーを書いてください（不明の場合はわかるように書いてください　例：自席のパソコン）。**

■ **機器の種類を書いてください。**

パソコン ・ スマホ ・ その他 (具体的に：　　　　　　　　　　　) ・ わからない

■ **OSを書いてください。**

Windows ・ Mac ・ iPhone／iPad ・ Android ・ その他 ・わからない

■ **OSのアップデートはやっていますか。あてはまるものを選んでください。**

会社が実施 ・ いつもやっている ・ 気がついたらやる ・ やっていない ・ わからない

■ **自分だけが利用できるように、パスワード・パターンロック・顔認証などを設定していますか？**

やっている ・ やっていない ・ わからない

■ **パスワード・パターンロック・顔認証を設定している方のみ回答してください。何を設定していますか？**

パスワード ・ PIN ・ パターン ・ 指紋認証 ・ 顔認証 ・ その他 ・ わからない

■ **パスワード・パターンロック・顔認証を設定している方のみ回答してください。何回失敗したらロックされますか？**

(　　　回) ・ 設定はしていない ・ わからない

■ **アンチマルウェア (アンチウイルス・ワクチンソフトなど) を利用していますか？**

会社で購入 ・ 自分で購入 ・ やっていない ・ わからない

■ **データのバックアップをとっていますか？**

会社でとっている ・ 自分でとっている ・ やっていない ・ わからない

■ **ウイルスが見つかった、データが消えた、機器の盗難があった、その他の問題があったとき、誰に報告・相談しますか？**

(　　　さんに報告・相談する) ・ 決めていない ・ わからない

■ **機器の中に入っている、仕事上大事なデータは何ですか。1〜3個まで書いてください。ファイル名ではなく、何に使っているどのようなデータかを書いてもらうようお願いします。いくつかをまとめて書いてもかまいません。(例：契約書、設計書)**

1:
2:
3:

アプリとサービスの調査シート

　普段、会社の仕事で使っているサービスやアプリケーションについて質問します。1サービス／アプリケーションあたり、1枚を使って答えてください。

- 仕事で普段使っている、パスワードなどを使ったログインが必要なサービス／アプリケーションの名前を書いてください。

- そのサービス／アプリケーションを利用するときのログインの方法について質問します。二要素認証は設定していますか？

  使っている・使っていない

- そのサービス／アプリケーションを利用するときのパスワードについて質問します。どのくらいの長さに設定していますか？

  12文字以上使っている・12文字より少ない

- パスワードを利用している方に質問します。パスワードはどうやって管理していますか？

  パスワード管理ツールを使っている・覚えている・紙に書いている・その他

セキュリティ10の標語

1. おかしなことがあったらすぐに連絡・相談する

2. 危ない場所や人に近づかない、危なくなったら走って逃げる

3. 会社の外で仕事の話はしない、パソコンやスマホは開かない

4. 仕事では事務所と自宅以外のWi-Fiサービスを使わない

5. 重要なデータはコピーせず決められた場所にバックアップする

6. おかしなメールのリンクや添付ファイルを開かない

7. おかしなアプリやWebサイトは使わない

8. パソコン・スマホは常にアップデートする

9. アカウント登録にはパスワード管理ツールを利用する

10. メールを送るときは、TO/CC/BCCを再確認する

※これは例なので、会社にあわせて書き換えてかまいません。

🛡 参考文献

　本書を執筆するにあたり参考にした資料の一部を紹介します。特にIPAの「中小企業の情報セキュリティガイドライン」は、Webサイトも含めて読んでおくことをおすすめします。

無償でセキュリティ団体から配布されている資料
IPA.「中小企業の情報セキュリティ対策ガイドライン」.
NISC.「小さな中小企業とNPO向け　情報セキュリティハンドブック」.
NISC.「インターネットの安全・安心ハンドブック」.
総務省.「中小企業等担当者向けテレワークセキュリティの手引き（チェックリスト）」.
東京都.「中小企業向け情報セキュリティ対策の極意」.

中小企業者向けの情報セキュリティ関連書籍
那須 慎二 著.『withコロナ時代のためのセキュリティの新常識』. ソシム, 2020.
蔵本 雄一 著.『もしも社長がセキュリティ対策を聞いてきたら入門編』. 日経BP社, 2016.
増井 敏克 著.『図解まるわかり セキュリティのしくみ』. 翔泳社, 2018.
橋本 和則 著.『IT担当者のためのテレワーク時代のセキュリティ対策 安全な業務環境の構築からデータを守る方法まで』. 翔泳社, 2022.
行本 康文 他 著.『小さな会社のISMS導入手順―身の丈ほどの情報セキュリティ戦略』. 中央経済社, 2003
杉山 貴規 著.『小さな会社の情報セキュリティ』. NextPublishing Authors Press, 2020.
佐々木 伸彦 著.『中小企業のIT担当者必携 本気のセキュリティ対策ガイド』. 技術評論社, 2020.

セキュリティでよく扱われるテーマを広く把握できる書籍
中村 行宏 他 著.『【イラスト図解満載】情報セキュリティの基礎知識』. 技術評論社, 2017.
橋本 和則 著.『先輩がやさしく教えるセキュリティの知識と実務』. 翔泳社, 2019.
みやもと くにお 他 著.『イラスト図解式 この一冊で全部わかるセキュリティの基本』. SBクリエイティブ, 2017.
中村 行宏 他 著.『図解即戦力 情報セキュリティの技術と対策がこれ1冊でしっかり

わかる教科書』. 技術評論社, 2021.

Blue Planet-works 著.『決定版 サイバーセキュリティ:新たな脅威と防衛策』, 東洋経済新報社, 2018.

山住 富也 著.『ソーシャルネットワーク時代の情報モラルとセキュリティ』. 近代科学社Digital, 2021.

■その他、本書執筆にあたり参考にした参考資料

中村 行宏 他 著.『事例から学ぶ情報セキュリティ──基礎と対策と脅威のしくみ』. 技術評論社, 2015.

中村 行宏 他 著.『サイバー攻撃の教科書 (ハッカーの学校)』. データハウス, 2019.

日経クロステック 編.『すべてわかるゼロトラスト大全 さらばVPN・安全テレワークの切り札』. 日経BP社, 2020.

岡田 敏靖 著.『図解即戦力 ISO 27001の規格と審査がこれ1冊でしっかりわかる教科書』. 技術評論社, 2019.

足立 昌聰 他 著.『Q&Aでわかる テレワークの労務・法務・情報セキュリティ』. 技術評論社, 2020.

鎌田 敬介 著.『サイバーセキュリティマネジメント入門』. きんざい, 2017.

長嶋 仁 著.『セキュリティ技術の教科書 第2版』. アイテック, 2020.

大泉 光一 著.『あなたとあなたの家族を守る防犯対策チェックリスト』. 日本実務出版, 2003.

中島 明日香 著.『サイバー攻撃 ネット世界の裏側で起きていること』. 講談社, 2018.

高市 早苗 著.『サイバー攻撃から暮らしを守れ!「情報セキュリティの産業化」で日本は成長する』. PHP研究所, 2018.

二木 真明 著.『IT管理者のための情報セキュリティガイド』. インプレスR&D, 2016.

綜合警備保障株式会社 他 編.『実践!営業秘密管理』. 中央経済社, 2011.

大泉 光一 著.『危機管理学総論─理論から実践的対応へ』. ミネルヴァ書房, 2012.

ヴェロ - VELOTEAL . CH - / InfoSec.

https://www.youtube.com/channel/UCE2p0jhKrYnZKM5XaRCWbjw

索引

●表紙デザイン	風間 篤士（リブロワークス・デザイン室）
●本文デザイン	風間 篤士（リブロワークス・デザイン室）
●組版	リブロワークス・デザイン室

小さな企業がすぐにできるセキュリティ入門

2022年10月7日　初版 第1刷発行

著者	梧桐 彰
監修者	那須 慎二
発行者	片岡 巌
発行所	株式会社技術評論社
	東京都新宿区市谷左内町21-13
	電話　03-3513-6150　販売促進部
	03-3513-6170　雑誌編集部
印刷／製本	昭和情報プロセス株式会社